JN087559

# データの分析と知識発見

(三訂版）データの分析と知識発見（'24）

©2024　秋光淳生

装丁デザイン：牧野剛士
本文デザイン：畑中　猛

o-9

# まえがき

この文書は2024年度から開講される放送大学の専門科目「データの分析と知識発見（'24)」の印刷教材です。この講義は、Rというオープンソースのソフトウェアを用いてデータ分析を行う方法を説明しています。もともと、この教材のベースになったものは、2012年に開講された「データからの知識発見('12)」という科目です。そこから4年ごとに改訂を重ねてきました。通信制大学である放送大学において、受講生がどのような目的でどのように学んでいるのかはなかなか見えない部分もあるのですが、受講生からの質問を見るに、Rを学ぶ目的で受講するという学生も増えてきたように感じています。また、Rを取り巻く環境も変化し、初学者でも学びやすいツールも増えてきました。この授業でも講義のスライドやデータを公開し、実際に操作しながら学ぶことができるようにしていましたが、最近ではRMarkdownやQuarto形式で本を作成し公開する事例も増えてきました。学ぶ方から感じるいちばんのメリットは，相手の説明で行っていることを自分の環境でも行うことができるという**再現性**です。場合によっては少し値を変更しながら実際に試すことで，どういうことを行っているのかを具体的に感じることができます。

そこで、今回の改訂ではQuarto形式で教材を作成し、作成した教材自身を配布するということにしました。RやQuartoは現在もなお開発が続いているものです。授業を製作している段階ではきちんと動作していたものがバージョンの変化に伴いある段階で動作しなくなることもあるかもしれません。そのようなときに印刷教材や放送教材を修正することは容易にはできませんが、Webサイトで公開したものであれば変更は可能です。変更点を明記した上で公開できればと思っています。

印刷教材とは、製本過程でレイアウトが 変更するなどの決定はあるかもしれませんが、学びながら、教材を修正し、必要に応じて自分だけのメモなどを追加しながら学んでいただければと思っています。

教材についての追加の情報は
https://www.is.ouj.ac.jp/lec/24data/
にあります。併せてご参照ください。

2023 年 11 月
放送大学准教授
秋光淳生

# 目次

# 1 RとRStudioの基本操作

**《目標＆ポイント》** R と RStudio を用いてデータ分析を行う方法について説明する。R で命令を実行する方法として、まず、`Console` での対話型処理について説明し、次に、一連の処理を行うときに便利な **R スクリプト**について説明する。最後に説明と命令をセットにしてレポート等に残す **R マークダウン**について説明する。

**《キーワード》** 変数、代入、型、R スクリプト、R マークダウン

## 1. R と RStudio

R は統計解析のためのソフトウェアであり、無料でダウンロードして利用することができる。Windows だけでなく、MacOS や Linux といった多くの**オペレーティングシステム** (OS) 上で動作する。基本的な統計計算だけでなく、後から多様なパッケージを追加することができ、汎用性が高い。グラフなどの描画機能があり、解析するだけでなく、出てきた結果をグラフにすることができるといったメリットがある。有料のソフトウェアとは違って、サポートはなく利用は自己責任となるが、利用者も多いので、Web サイトや書籍が充実しており、何か動作で疑問があっても解決しやすいといった特徴がある。RStudio IDE は R を利用する上で統合開発環境（**IDE** :Integrated Development Environment）である。ファイルの作成や削除、過去に行った履歴の閲覧やグラフの作成、保存といったR を使う上で便利な機能を提供している。R と同様に多くの OS で動作する。利用する OS によって、多少の違いはあるが、基本的

な使い方は変わらない。この授業では RStudio を用いて R でデータ分析を行う方法について説明する。RStudio には Web サーバー上で動かすためのソフトウェアとして RStudio Server もあるが、以降、RStudio というと RStudio IDE のことを意味するものとする。これから説明する操作の中には、マウスなどによる **GUI** による操作もあるが、多くはキーボードによる文字入力で行う。そのため、不慣れな人は最初戸惑うかもしれないが、指示内容が 1 つ 1 つ記録されて残っているため、後から見直すことができるという利点もある。指示内容を 1 つ 1 つ理解して進めてもらいたい。

## 2. R の基本操作

R で掛け算として $5 \times 6$ を計算する場合には、`Console` のところで、5*6 と入力し、エンター (もしくはリターン) キーを入力する。すると、

```
> 5 * 6

[1] 30
```

と計算結果を返してくれる。「*」が掛け算を表す。他にも「^」はべき乗 ($5^3 = 5 \times 5 \times 5$) を表す。

```
> 5 ^ 3

[1] 125
```

このように、R はキーボードから命令を入力することができる**対話的**なソフトウェアである。こうした四則演算の他にある文字に具体的な数

値などを割り当てることもできる。例えば、$x$ という文字に 5 という値を、$y$ という文字に 6 という値を割り当て、その値について $x \times y$ を計算すると次のように計算される。

```
> x <- 5
> y <- 6
> x * y

[1] 30
```

このの $x$ のことを**変数**、または**オブジェクト**といい、変数に値を割り当てることを**代入**という。この「<-」や先ほどの「+」や「*」のように計算を表す要素のことを**演算子**という。演算子は 1 文字とは限らず、<- のように 2 文字からなるものがある。そのときは < と- の間に **スペースを入れない**で利用する。

表 1-1　主な演算子と条件式

| 演算子 | 説明 |
|---|---|
| * | 掛け算 $a \times b$ |
| ^ | べき乗 $a^b$ |
| / | 割り算 $a/b$ |
| %/% | 整数の商 |
| %% | 整数の余り |
| %*% | 行列の積 |
| == | 等しいかどうか |
| != | 等しくないかどうか |
| >= | 以上かどうか |
| ! | 否定 |
| & | 論理積 |
| \| | 論理和 |

先ほどは数値を代入する例を示したが、R の変数には**数値**、**文字列**、**論理値** などの型がある。主なものとして

表 1-2　主なデータの型

| データの型 | 説明 | 例 |
|---|---|---|
| integer | 整数 | 1l |
| double | 実数（倍精度浮動小数） | 3.4、5e-10 |
| character | 文字列 | “A”,“B” |
| logical | 論理値 | TRUE、FALSE |

といったものがある。変数がとるデータ構造も

表 1-3　主なデータ構造

| 型 | 名前 | 次元 | データ型の種類 |
| --- | --- | --- | --- |
| vector | ベクトル | 1 次元 | 1 種類 |
| matrix | 行列 | 2 次元 | 1 種類 |
| data.frame | データフレーム | 2 次元 | 複数 |
| list | リスト | 1 次元 | 複数 |

などがある。R では 1 つの値もベクトルとして扱われる。値を代入する場合、事前に宣言しなくても R の方で自動的に判定する。演算においても型に応じて異なった振る舞いをする。例えば a+bi と数値に i があると複素数であると判定し、複素数の積を計算する。

```
> (3+4i)*(4-5i)

[1] 32+1i
```

また、3+a のように文字と数値を掛け算するなど、適切でない演算を指示するととエラーと表示される。

```
> 3  * "a"
3 * "a" でエラー：二項演算子の引数が数値ではありません
```

変数の内容を表示するには変数名を打つ。また、変数の型を見るには typeof(x) とする。

```
> x <- 4+5
> x
```

```
[1] 9

> typeof(x)

[1] "double"
```

整数を入力しても小数として扱われる。あえて整数であることを指定するには最後に L をつける。

```
> x <- 4L+5L
> typeof(x)

[1] "integer"
```

代入作業を行うと RStudio の右上の Environment の所に変数とその内容が表示される。色々と作業していて、自分で設定した変数が何だったかわからなくなった場合もここで確認できる。R では見やすいようにスペースを入れても、適切に判断してくれる。字や括弧を含む場合には半角スペースを入れ見やすいように工夫するとよい。

```
> x <- 3
> y <- 2
> ( x + 1 ) * ( y + 2)

[1] 16

> x <- 3
> x < - 1
```

```
[1] FALSE
```

ただし、最後の例のように「<-」はスペースを入れると違う意味と解釈されてしまう。この場合には「x が -1 より小さい」という条件件が正しいかどうかという意味であると解釈され、FALSE という結果が表示されている。これと同様に、12 という数値を入れたい場合に 1 2 と入力せずに、続けて入力する。命令が長くなると 1 行で収まらないことがある。その場合、「1 + 2」と入力するところで、「1 +」を打った後で Enter キーを押すと、プロンプト ではなく、+ と表示される。これは、R が式がまだ終了していないと判断していることを意味している。一方で、1 で Enter キーを押すと式が完結しているので続けることができないので注意する。

```
> 1 +
+ 2

[1] 3
```

括弧「()」や引用を表す ' や"はセットとなって使うものがある。数が増えてくると間違えてしまうこともある。その場合は Escape キーを押すと命令を途中でやめることができる。

四則演算だけでなく、三角関数や自然対数などの関数も用意されている。

```
> cos(pi)

[1] -1
```

複数の要素を持つ**ベクトル**データを計算したい場合もある。ベクトルを作成するには値を結合する「c()」(combine、または concatenate) という 関数を使う (R では**スカラー**も 1 つの要素の**ベクトル**として扱われる。)

```
> x <- c(1,2,3)
> x

[1] 1 2 3

> typeof(x)

[1] "double"
```

複数の要素を持つベクトルデータを結合することもできる。次の操作は先ほど作成した x にさらに文字列 "a" を追加したデータを x としている。またデータ構造を見るには str() という関数を用いる

```
> x <- c(x,"a")
> x

[1] "1" "2" "3" "a"

> str(x)

 chr [1:4] "1" "2" "3" "a"

> typeof(x)
```

```
[1] "character"
```

これを見ると、x は数値のベクトルが "a" を追加したことで文字の集まりとして認識されていることがわかる。最初は数値だけだったので、数値型のベクトルだったものが文字列の型に変わっている。このようにベクトルは複数の型を持った要素は認められない。ベクトルで 3 個の要素のように特定の要素を抽出する場合には [] で指定する。c() で複数の要素を抽出することもできる（結果は省略する）。

```
> x[2]
> x[c(1,3)]
> x[3:4]
```

a:b は a から b まで 1 つずつ増やすということを意味する。

R を終了するときには、quit() (または q()) と入力する。すると、「作業スペースを保存するか？」と聞かれる。保存する場合 (yes)、しない場合は (no)、キャンセルしてもとに戻る場合には (cancel) と入力する。作業スペース (作業場) を保存すると今回行った処理の履歴が.Rhistory という名前で残り、代入した変数の値などが.RData という名前で保存され、そのファイルを読み込むことで、続きから作業を行うことができる。

## 3.　R スクリプト

データ分析も進んでいくと一度の処理で終わるのではなく、複数の処理を組み合わせて行うようになる。その場合には一連の命令を書いてから一度に実行したい場合もある。R では **R スクリプト**と呼ばれるファイルに一連の命令を書いておくことができる。R スクリプトを作成する

にはFileからNew FileでR Scriptを選ぶ。または、Fileの下にある [icon] の横にある▼のボタンを押しても同じことができる。クリックすると、左上に小窓が現れる。小窓のタブにはUntitled 1と表示されている。この小窓はWindowsにおけるメモ帳に相当する編集のためのアプリケーション（**エディタ**という）であり、ここに自由に文字を入力し ファイルを作成することができる。この左上の小窓内をクリックし、カーソル（| という形をしたもの）が点滅しているのを確認して、文字を入力する。入力すると、タブの文字が 赤く表示され、上部にあるフロッピーディスクのアイコンが濃く表示される。この状態でフロッピーディスクのアイコンをクリックするとファイルを保存することができる。最初に保存するときには、エクスプローラー（Macでは Finder ）が表示され、ファイル名を入力することが求められる（新規保存）。もし、一度保存している場合には、次からは上書き保存を意味する。

右上の小窓のEnvironmentタブの横にあるHistoryタブには履歴が表示されている。この履歴をもとに必要な命令だけをRスクリプトにして保存することもできる。Historyから選びたい命令をマウスで選択し、上部にあるTo Sourceボタンをクリックする。すると選択した部分が左上にあるエディタに貼り付けられる。一通り命令を入力し、ファイルを保存したら、一連の命令を実行しよう。Rスクリプトの上部にあるアイコンの中から、Sourceボタンを押すとスクリプトを実行することができる。また、スクリプトの一部をマウスで選んで、Runコマンドをクリックすると、選んだ部分だけを実行することができる。

スクリプトで行の先頭に#と入力すると、その行は命令とは認識されない。そこに書かれているものを**コメント** という。一連の命令だけを書いたファイルでは後から読み直したときに何を分析したものかわからなくなってしまうことがある。そこで、何をしているのかをコメントとして残しておくとよい。また、データの分析を行う上では、やり直した後にも同じ結果が出せるような**再現性**が求められる。そこで、一連の分析を行った後には、その作業をスクリプトとして残しておくことが望ましい。

## 4.　R によるレポートの作成

R スクリプトを作成することで後から分析を再現することができる。他の方法としてレポートを作成することもできる。スクリプト作成と同様に `File` から `New File` を選び、`RMarkdown Document` を選ぶ。すると作成するレポートのタイトルや著者、出力タイプを入力する画面が表示される。好きなタイトルを書き（図では Sample）、出力のタイプは HTML とする（図 1-1）。

最初にサンプルが表示されている（図 1-2）。

保存して、タブの表記がファイル名になっていることを確認したら `Knit HTML` ボタンで **HTML** 形式 (Hyper Text Markup Language) へと変換する。するとレポートの HTML ファイルが作成される（図 1-2）。

図 1-2 と図 1-3 を見比べてみると、図 1-2 で　`title:` と書いてある行は、HTML ではファイル先頭に大きな文字で書かれたタイトルになっている。また、## R Markdown となっているものは 他の文字に比べて大きく色も異なり**見出し**になっていることがわかる。R Markdown ファイルとは **Markdown** と呼ばれる形式で書かれたファイルのことである。その形式で作ったファイルを knitr によって HTML 形式に変換している。Markdown 形式は Microsoft-Word のように **WYSIWYG** (What You See Is What You Get) ではなく、文字を修飾するための命令にあたる文字も実際の文章と同時に記す記法のことである。

特に、図 1-2 と図 1-3 にある `summary(cars)` の部分を比較してみよう。

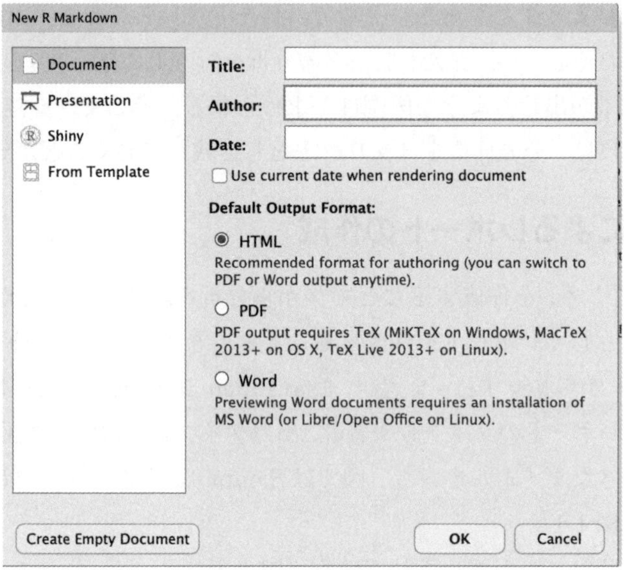

New R Markdown

Document
Presentation
Shiny
From Template

Title:
Author:
Date:
Use current date when rendering document

Default Output Format:

HTML
Recommended format for authoring (you can switch to PDF or Word output anytime).

PDF
PDF output requires TeX (MiKTeX on Windows, MacTeX 2013+ on OS X, TeX Live 2013+ on Linux).

Word
Previewing Word documents requires an installation of MS Word (or Libre/Open Office on Linux).

Create Empty Document
OK
Cancel

図 1-1　パッケージ knitr の利用（1）

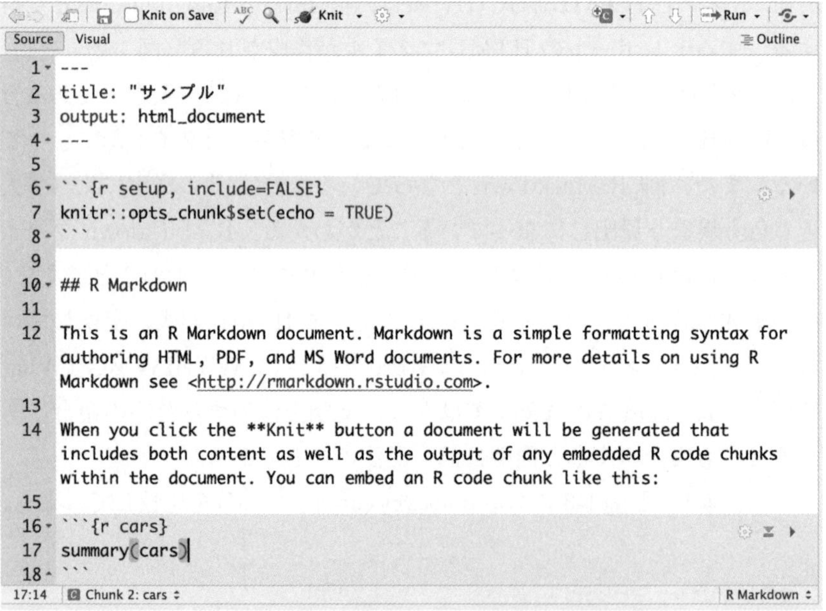


図 1-2　パッケージ knitr の利用（2）

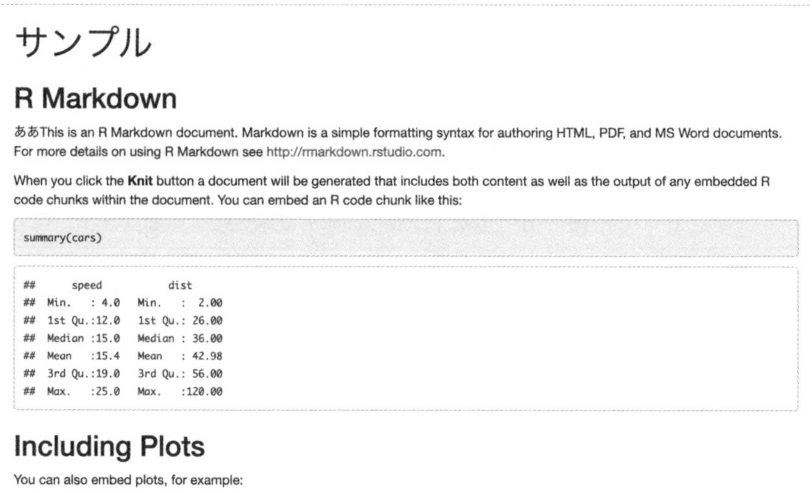

# サンプル

## R Markdown

ああThis is an R Markdown document. Markdown is a simple formatting syntax for authoring HTML, PDF, and MS Word documents. For more details on using R Markdown see http://rmarkdown.rstudio.com.

When you click the **Knit** button a document will be generated that includes both content as well as the output of any embedded R code chunks within the document. You can embed an R code chunk like this:

```
summary(cars)
```

```
##      speed           dist       
##  Min.   : 4.0   Min.   :  2.00  
##  1st Qu.:12.0   1st Qu.: 26.00  
##  Median :15.0   Median : 36.00  
##  Mean   :15.4   Mean   : 42.98  
##  3rd Qu.:19.0   3rd Qu.: 56.00  
##  Max.   :25.0   Max.   :120.00  
```

## Including Plots

You can also embed plots, for example:

図 1-3　パッケージ knitr の利用（3）

図 1-2 では ``` { r cars} と ``` で囲まれた部分はグレーで表示されている。ここには R の命令を記載することができる。{r cars} の行の cars は囲まれた命令部分（これを**チャンク**といい、それぞれのチャンクに名前をつけることができ、この部分のチャンクに cars という名前をつけると宣言している）に対する名前であり、つけておくと変換する際に間違いがあってエラーが起こったときなどにどこで間違えたのかがすぐにわかるというメリットがあるが、なくても自動的に　`Unnamed-chunk` という名前が つけられる。また、`summary(cars)` という命令は R にインストールされている `cars` というデータに対して、要約を表示するという関数 `summary` を用いるという命令をしている。図 1-3 の HTML ファイルを見ると、実行結果が四角に囲まれて表示されている。R Markdown では この例に示すように、R を用いて、どのような命令を行うのかを書いておく。

knit とすることで命令と結果の両方を含む（含むかどうかはそれぞれオプションで指定できる）レポートを作成することができる。Markdown とは HTML ような Markup 言語とは異なり、なるべく簡易な命令で済むようになっている。主な命令として以下のものがある。テキストでは文字は全角文字のように見えるが、実際には半角文字で入力する。

**表 1-4　主な R Markdown の記法**

| R Markdown 記法 | 説明 |
|---|---|
| # | 階層 1。1 つが章 |
| ## | 階層 2。重ねるごとに階層が下がる |
| $$ | TeX で数式を書く。 |
| < URL > | リンク https://www.is.ouj.ac.jp |
| [図タイトル]（ファイル名） | 図 |
| *␣␣␣␣a | 番号なし箇条書き（*の後にスペース 4 つ） |
| 1. 2. | 箇条書き（番号つき。. の後にスペース ） |

最初は、サンプルをもとに必要な部分を書き換えてレポートを作成し、一度うまく作成できたら今後はそのファイルを新たなサンプルとして利用すればよい。

**表 1-5　主な chunk オプション**

| chunk オプション | 説明 |
|---|---|
| include | レポートに表示するかどうか |
| echo | 手順を表示するかどうか |
| messsage | メッセージの表示 |
| warning | 警告メッセージの表示 |
| error | TRUE にするとエラー結果を表示 |
| prompt | 命令に prompt（>）を表示 |

# 5.　まとめと展望

R と RStudio の基本操作について説明した。持っているデータがどのようなデータかを確認した上で、さまざまなデータを RStudio を用いて分析をしていくのが今後の説明の流れである。R についての本として参考文献の [1] がある。文字を入力する対話型のソフトウェアでは、コマンドを覚える必要があるため、最初の敷居は高く感じられるが、表示のための余計な処理がない分、計算に負荷をかけることができる。また,「何を計算しているのかわからないけれどコンピュータで計算したらこうなった。」というのではなく、1つ1つ命令と結果を確認しながら学ぶことで理解を深めていただければと思う。Markdown については参考文献の [2] が詳しい。

## 参考文献

[1] 松村優哉, 湯谷啓明, 紀ノ定保礼, 前田, 和寛, “改訂 2 版 R ユーザのための RStudio[実践] 入門：tidyverse によるモダンな分析フローの世界”, 技術評論社,2021 年

[2] 高橋康介,“再現可能性のすゝめ –RStudio によるデータ解析とレポート作成”, 共立出版,2018 年

[3] 江口哲史, 石田基広,“自然科学研究のための R 入門：再現可能なレポート執筆実践”, 共立出版,2018 年

## 演習

**【問題】**

1. Rで以下の命令を試してみよ

```
> x <- 2
> y <- 3
> z <- x *y
> z
```

2. 次の場合にはどうなるか？

```
> x <- 2
> y <- 3
> z <- x *y
> y <- 4
> z
```

**解答**

1. 6。
2. 6。ここで、`y <- 4` の後に、もう一度 `z <- x*y` としてから、`z` とすると 8 となる。

# 2　R を用いた行列の計算

**《目標&ポイント》** この教材では今後、分散共分散行列など行列を用いた説明も出てくる。そこで、ここでは線形代数の基本的な事柄として、行列、固有値、固有ベクトル、行列の対角化について述べる。また、R における行列計算の方法について述べる。

**《キーワード》** 行列、固有値、固有ベクトル、対角化、正定値行列

## 1.　記述統計量

$n$ 人の身長など 1 種類のデータがあるとする。その値を $x_1$、$x_2$、$\cdots$、$x_n$ とする。通常、観測されるデータは母集団全てのデータが得られるわけではなく、その一部である。得られたデータを**標本**（サンプル）という。この標本をもとに母集団の性質を知りたいと考える。データ数 $n$ のことを**サンプルサイズ**という。母集団の性質を知るために標本データから計算される量を**統計量**という。基本的な統計量として最小値、最大値、中央値、平均値、分散などがある。第 5 節で述べるように、観測されたデータを分析する場合にはその背景にある確率分布を想定することが多い。大文字で表したときにはある確率分布の特徴を推定するための推定する式としての意味がある。また、単に観測値から計算だけを説明したい時には小文字を使う。この章では小文字を使い、分布を踏まえて議論するときには 大文字を使う。

データの総和をサンプルサイズ $n$ で割ったものを**平均**（mean または

表 2-1　基本統計量とよく用いられる文字

| 統計量 | 変数 |
|---|---|
| 平均 | $\bar{x}$、$\mu_x$ |
| 期待値 | $E(X)$ |
| 標準偏差 | $\sigma_x$ |
| 分散 | $V(X)$、$\sigma_x^2$ |
| 偏差二乗和 | $S_{xx}$ |
| 共分散 | $\mathrm{Cov}(x, y)$、$\sigma_{xy}$ |
| 相関係数 | $\mathrm{Cor}(x, y)$、$\rho_{xy}$ |

average）という。

$$\mu_x = \frac{1}{n}\sum_{i=1}^{n} x_i \tag{2.1}$$

$(x_i - \mu_x)$ を**偏差**という。偏差の総和は 0 となる。つまり、この $\bar{x}$ を基準に値を見直すと正のものと負のものに分かれて、全て足すと 0 になってバランスが取れる。つまり重心になっていることがわかる。また、偏差を二乗したものの総和を**偏差二乗和**と言い、$S_{xx}$ とする。

$$S_{xx} = \sum_{i=1}^{n}(x_i - \bar{x})^2 \tag{2.2}$$

である。右辺を展開すると

$$S_{xx} = \sum_{i=1}^{n} x_i^2 - n\bar{x}^2 \tag{2.3}$$

となる。そのばらつき具合を表すものを**分散**（variance）という。分散はこれを $n$ または $n-1$ で割った値が用いられる。R で分散を計算する場合には $n-1$ で割った値を用いることも多い。これを**不偏分散**という。

$$\sigma_x^2 = \frac{S_{xx}}{n-1} \tag{2.4}$$

である。また、分散の 1/2 乗した統計量を**標準偏差** (standard deviation) $\sigma_x$ という。また、同じ人数 $n$ 人のデータ $y_1$、$y_2$、$\cdots$、$y_n$ があるとする。このとき、両者の関係を調べる統計量として 共分散がある。

$$S_{xy} = \sum_{i=1}^{n}(x_i - \bar{x})(y_i - \bar{y}) \tag{2.5}$$

$$= \sum_{i=1}^{n} x_i y_i - n\bar{x}\bar{y} \tag{2.6}$$

$$\mathrm{Cov}_{xy} = \sigma_{xy} = \frac{S_{xy}}{n-1} \tag{2.7}$$

を**共分散**という。共分散の値の大きさはそれぞれの項目のばらつきの大きさに依存する。そこで、共分散を 2 つの標準偏差によって割ると、−1 から 1 までの範囲となり、両者の関係の強さを測る指標となる。これを**(積率) 相関係数**という。

$$\mathrm{Cor}(x, y) = \rho_{xy} = \frac{\mathrm{Cov}(x, y)}{\sigma_x \sigma_y} \tag{2.8}$$

相関係数は正の値だけでなく負の値もとる。値が 1 や −1 に近いほど「相関が高い」、値が 0 に近いほど「相関がない」という。

表 2-2 の身長の平均値、中央値、分散、標準偏差をそれぞれ R を使って表してみよう。R では平均は「`mean()`」、中央値は「`median()`」、分散は「`var()`」、標準偏差は「`sd()`」で求めることができる。複数の要素を持つデータ（**ベクトル**データ）を 1 つのまとまりとして表現するには「`c()`」(combine、または concatenate) を使う。まず、5 人分のデータをそれぞれ `x1`、`x2` として表そう。この値をもとに R で計算すると次のようにすぐに結果が得られる。この「`mean`」や「`var`」のように決められた処理を行って結果を返す一連の命令群のことを**関数**という。関数はある値やデータを入力して結果を返す。そこで今後は、どういったデータを

表 2-2　グループ A、B の身長

| A | B |
|---|---|
| 118cm | 128cm |
| 119cm | 129cm |
| 121cm | 130cm |
| 122cm | 131cm |
| 170cm | 132cm |

表 2-3　主な R の統計量関数

| 統計量 | 説明 |
|---|---|
| sum | 合計、例　sum(a,b,c) |
| mean | 平均値、中央値は median |
| max | 最大値、最小値は min |
| var | 分散、行列を与えると分散共分散行列を計算する |
| sd | 標準偏差、それぞれの列の標準偏差を求める |
| cor | 相関、行列を与えると相関行列を求める |

入力するとどういった結果が得られ、それをどのように解釈するか、どういうことに注意するのか、といったことについて説明していく。

```
> x1 <- c(118,119,121,122,170)
> x2 <- c(128,129,130,131,132)
> mean(x1)
[1] 130
> var(x1)
[1] 502.5
> cor(x1,x2)
[1] 0.7547198
```

## 2. 行列

$n$ 個の変数があるとき、これを次のように $m$ 個の線形に変換することを考える。この講義では各成分は実数であるものとする。

$$
\begin{aligned}
y_1 &= a_{11}x_1 + a_{12}x_2 + \cdots + a_{1n}x_n \\
y_2 &= a_{21}x_1 + a_{22}x_2 + \cdots + a_{2n}x_n \\
&\vdots \\
y_m &= a_{m1}x_1 + a_{m2}x_2 + \cdots + a_{mn}x_n
\end{aligned}
$$

これを

$$
\begin{pmatrix} y_1 \\ y_2 \\ \vdots \\ y_m \end{pmatrix} = \begin{pmatrix} a_{11} & a_{12} & \cdots & a_{1n} \\ a_{21} & a_{22} & \cdots & a_{2n} \\ \vdots & \vdots & \ddots & \vdots \\ a_{m1} & a_{m2} & \cdots & a_{mn} \end{pmatrix} \begin{pmatrix} x_1 \\ x_2 \\ \vdots \\ x_n \end{pmatrix} \tag{2.9}
$$

のように表す。また、

$$
\mathbf{y} = \begin{pmatrix} y_1 \\ y_2 \\ \vdots \\ y_m \end{pmatrix},\ A = \begin{pmatrix} a_{11} & a_{12} & \cdots & a_{1n} \\ a_{21} & a_{22} & \cdots & a_{2n} \\ \vdots & \vdots & \ddots & \vdots \\ a_{m1} & a_{m2} & \cdots & a_{mn} \end{pmatrix},\ \mathbf{x} = \begin{pmatrix} x_1 \\ x_2 \\ \vdots \\ x_n \end{pmatrix} \tag{2.10}
$$

とすると、$\mathbf{y} = A\mathbf{x}$ と表すことができる。$m$ 行 $n$ 列の行列を $m \times n$ 行列という。行列を**列ベクトル**で表したが、これを横に並べた**行ベクトル**で表現することもある。列ベクトルを行ベクトルに変換する操作のことを転

置といい、$\mathbf{x}^T$ と書く。行列も同様に

$$A^T = \begin{pmatrix} a_{11} & a_{21} & \cdots & a_{m1} \\ a_{12} & a_{22} & \cdots & a_{m2} \\ \vdots & \vdots & \ddots & \vdots \\ \vdots & \vdots & \ddots & \vdots \\ a_{1n} & a_{2n} & \cdots & a_{mn} \end{pmatrix} \tag{2.11}$$

のように縦と横の成分を入れ替えることを考えることができ、この行列を**転置行列**という。転置行列は、$n \times m$ 行列となる。$n$ と $m$ の値が等しいとき、行列は正方形の形になる。この行列を**正方行列**という。正方行列において、対角成分 $a_{ij} = a_{ji}$ のとき、転置行列が元の行列と一致する。この行列のことを**対称行列**という。

## 3. 行列の演算

行列の和や差については、同じサイズの行列に対して、そのそれぞれの成分の和や差を計算する。行列の積については、$A$ を $l \times m$ 行列、$B$ を $m \times n$ とすると、行列の積 $AB$ を計算することができ、$l \times n$ 行列 となる。このとき、$AB$ の $ij$ 成分を $c_{ij}$ とすると、$A$ の $i$ 行目の $m$ 個の成分 $a_{ik}$ と $B$ の $j$ 列目の $m$ 個の成分 $b_{kj}$ を掛け合わせたものを全て足すことで 計算される。

$$c_{ij} = a_{i1}b_{1j} + a_{i2}b_{2j} + \cdots + a_{im}b_{mj} = \sum_{k=1}^{m} a_{ik}b_{kj} \tag{2.12}$$

このように積が計算できるためには $A$ の列の数と $B$ の行の数が一致している必要があるため、$AB$ が計算できても、$BA$ は計算できないという場合もある。$A$ も $B$ も正方行列であれば、$AB$ も $BA$ は計算はで

きるが、各成分の値が同じになるとは限らない。行列の積の転置を計算すると、$(AB)^T = B^T A^T$ が成り立つ。ベクトルの積について、$\mathbf{x}$ と $\mathbf{y}$ がどちらも $n$ 次元ベクトルであるとき、

$$\mathbf{x}^T \cdot \mathbf{y} = \mathbf{y}^T \cdot \mathbf{x} = x_1 y_1 + x_2 y_2 + \cdots + x_n y_n = \sum_{i=1}^{n} x_i y_i \quad (2.13)$$

で定義される量を ベクトルの **内積**という。自分自身との内積

$$\mathbf{x}^T \cdot \mathbf{x} = \sum_{i=1}^{n} x_i^2 = |\mathbf{x}|^2 \quad (2.14)$$

はベクトルの大きさを表す量であり、これを $L^2$ ノルムという。次に、$n \times n$ 型の正方行列について考える。

$$I = \begin{pmatrix} 1 & 0 & \cdots & 0 \\ 0 & 1 & \cdots & 0 \\ \vdots & \vdots & \ddots & \vdots \\ 0 & 0 & \cdots & 1 \end{pmatrix} \quad (2.15)$$

と対角成分だけが 1 のとき、同じ $n \times n$ 型の正方行列 $A$ に対して、$IA = AI = A$ が成り立つ。これを**単位行列**という。ある行列 $A$ に対して、$AB = BA = I$ が成り立つような $B$ が存在するとき、その $B$ のことを**逆行列**といい、$A^{-1}$ と表す。

## 4.　固有値と固有ベクトル

行列の性質を表す値として **固有値**がある。正方行列 $A$ に対して、ある値 (実数か複素数) $\lambda$ が存在して、

$$A\mathbf{x} = \lambda\mathbf{x}$$

が成り立つとき $\lambda$ を **固有値** といい、$x$ を**固有ベクトル**という。一般に $n \times n$ の正方行列 $A$ に対して固有値を求めるには 固有多項式と呼ばれる $n$ 次の多項式を解くことになり、固有値は重解を別々に数えると 最大で $n$ 個ある。今、値の固有値が $n$ 個あって、固有ベクトルが $n$ 個あるとし、行列 $P$ が

$$\begin{cases} A\mathbf{x}_1 &= \lambda_1\mathbf{x}_1 \\ A\mathbf{x}_2 &= \lambda_2\mathbf{x}_2 \\ & \vdots \\ A\mathbf{x}_n &= \lambda_n\mathbf{x}_n \end{cases}$$

と書けるものとする。固有ベクトルは向きだけしか決まらないので、今 $L^2$ ノルムの大きさが 1 のものを選ぶものとする。このベクトルを並べて

$$P = (\mathbf{x}_1, \mathbf{x}_2, \cdots, \mathbf{x}_n) \tag{2.16}$$

という行列を考えると、

$$AP = P \begin{pmatrix} \lambda_1 & 0 & \cdots & 0 \\ 0 & \lambda_2 & \cdots & 0 \\ \vdots & \vdots & \ddots & \vdots \\ 0 & 0 & \cdots & \lambda_n \end{pmatrix}$$

となる。この $P$ が逆行列を持つとすると、

$$P^{-1}AP = \begin{pmatrix} \lambda_1 & 0 & \cdots & 0 \\ 0 & \lambda_2 & \cdots & 0 \\ \vdots & \vdots & \ddots & \vdots \\ 0 & 0 & \cdots & \lambda_n \end{pmatrix} \tag{2.17}$$

と書くことができる。この操作のことを **対角化** という。対角化された行列に全ての成分が 1 のベクトルを掛けると

$$\begin{pmatrix} \lambda_1 & 0 & \cdots & 0 \\ 0 & \lambda_2 & \cdots & 0 \\ \vdots & \vdots & \ddots & \vdots \\ 0 & 0 & \cdots & \lambda_n \end{pmatrix} \begin{pmatrix} 1 \\ 1 \\ \vdots \\ 1 \end{pmatrix} = \begin{pmatrix} \lambda_1 \\ \lambda_2 \\ \vdots \\ \lambda_n \end{pmatrix}$$

であり、固有値はそれぞれの成分を $\lambda_i$ 倍 する計算であると考えられる。したがって、もしあるベクトル $\mathbf{y}$ が

$$\mathbf{y} = a_1\mathbf{x}_1 + a_2\mathbf{x}_2 + \cdots + a_n\mathbf{x}_n \tag{2.18}$$

と表せたとすると、行列 $A$ を掛ける変換は

$$A\mathbf{y} = \lambda_1 a_1\mathbf{x}_1 + \lambda_2 a_2\mathbf{x}_2 + \cdots + \lambda_n a_n\mathbf{x}_n \tag{2.19}$$

となる。これは各成分を $\lambda_i$ 倍する変換と考えることができる。このように、対角化することで行列の特徴を把握することができる。また、もし固有値に 1 つでも値が 0 のものがあるとそのベクトルの向きの成分は潰れてしまうということであり、変換によって移った点をもとの点に戻すことはできない。このとき、逆行列を持たないことがわかる。

## 5.　正定値行列

行列 $A$ が対称行列 であるとする。対称行列 $A$ が 固有値 $\lambda$ を持つとすると、固有値はすべて実数になり、固有ベクトルが直行することが知られている。また、任意のベクトル $\mathbf{x}$ に対して

$$\mathbf{x}^T A\mathbf{x} > 0 \tag{2.20}$$

となるとき、行列 $A$ を正定値行列という。

$$\mathbf{x}^T A\mathbf{x} \geq 0 \tag{2.21}$$

のとき半正定値行列であるという。

$n$ 次の対称行列 $A$ が半正定値行列であるとき

1) 固有値はすべて非負である。
2) ある直交行列 $P$ と対角要素がすべて非負の対角行列 $D$ を用いて, $A = PDP^T$ と書くことができる。
3) ある $n$ 次の実行列 $X$ を用いて、$A = X^T X$ と書くことができる。

が成り立つ。分散共分散行列は半正定値行列である。

## 6. Rを用いた行列の計算

行列を作成するには matrix() を指定して、行の数と列の数を指定して行列を作ることができる。

```
> A <- matrix( c(1,2,2,6), ncol=2, nrow=2)
```

また、ベクトルや行列などを結合する関数として cbind と rbind という関数がある。cbind はベクトルを列 (column) に並べて結合（右に追加)、rbind は行に並べて結合（下に追加）する。

```
> x1 <- c(1,2)
> x2 <- c(4,6)
> B <- cbind(x1,x2)
> C <- rbind(x1,x2)
> B
```

```
     x1 x2
[1,]  1  4
[2,]  2  6

> C

   [,1] [,2]
x1    1    2
x2    4    6
```

R では、演算子が用意されている。主なものを表 (表 2-4) に示す。和や差に対しては、通常の文字の場合と同じように扱うことで成分同士の計算をしてくれる。そこで、行列の積の場合には $\% * \%$ とする。$A * B$ としてもエラーではなく、成分同士の掛け算になる。

**表 2-4　R の行列操作**

| 演算子 | 説明 | 例と意味 |
|---|---|---|
| $+$ | 足し算 | $A + B$ 成分ごとの足し算 |
| - | 引き算 | $A - B$ 成分ごとの引き算 |
| $*$ | 掛け算 | A*B 成分ごとの掛け算 |
| %*% | 掛け算 | A%*%B |
| eigen() | 固有値 | eigen(A) $A$ は正方行列 |
| solve() | 逆行列 | solve(A) $A$ は正方行列 |
| ncol() | 列数 | 列の数を返す |
| nrow() | 行数 | 行の数を返す |
| t() | 転置 | 転置行列を返す |

固有値を求めてみよう。`eigen(A)` と打つと次のように結果が表示さ

れる。

```
> eigen(A)

eigen() decomposition
$values
[1] 6.7015621 0.2984379

$vectors
          [,1]       [,2]
[1,] 0.3310069 -0.9436283
[2,] 0.9436283  0.3310069
```

この場合 2 個の異なる固有値、固有ベクトルが求められた。固有値が$values、固有ベクトルが $vectors である。固有ベクトルは大きさが 1 になるように計算され、縦ベクトルとして表現されている。また、eigen(A)$values とすると、固有値だけを取り出すということを意味する。

固有ベクトルを y1、y2 としてみよう。エクセルのシートのように、1 列目だけを表したい場合には、文字の後に [,1]、逆に 1 行目だけを表すには、[1,] を文字の後に付け加えればよい。

```
> y1 <- eigen(A)$vectors[,1]
> y2 <- eigen(A)$vectors[,2]
> P <- cbind(y1,y2)
> P

            y1         y2
[1,] 0.3310069 -0.9436283
```

```
[2,] 0.9436283  0.3310069
```

これで、行列の $P$ までを求めることができた。後は、$P^{-1}AP$ を計算して対角成分が固有ベクトルになっていることを確認すればよい。逆行列を計算するには solve() を用いる。これは連立方程式 $AX = b$ を解く演算で、solve(A,b) とすると $X$ を求めてくれる。今、逆行列を P1 で表そう。

```
> P1 <- solve(P)
> Q <- P1 %*% A %*% P
```

結果を見ると

```
> P1

          [,1]      [,2]
y1  0.3310069 0.9436283
y2 -0.9436283 0.3310069

> Q

              y1           y2
y1  6.701562e+00 3.384065e-16
y2 -3.655004e-17 2.984379e-01
```

となる。厳密には一致していないが、対角化の値とほぼ一致していることがわかる。R では通常、数値は浮動小数として扱われ、符号、指数部分を含め、有限の桁数でしか表現することができない。小数部分も 2 進数で表現されるので、10 進数で有限桁で表される小数も 2 進数では循環小数となることもある。その場合、有限の桁数で打ち切ると誤差を持つこともある。例えば

```
> 0.3-0.2-0.1

[1] -2.775558e-17
```

最後の値は本来 0 であるのに異なった値が出力されている。ここで e-17 は 10 の-17 乗を意味し、出てきた答えは $-0.000\cdots0002775558$(小数点の前を含めて 0 の個数が 17 個) と非常に小さい値ではあるが、正しい値にはなっていない。有限桁で丸める関数として round という関数がある。

```
> round(0.3-0.2-0.1,16)

[1] 0
```

このようにコンピュータの計算は誤差を含むことがある。こうした誤差は通常小さい値であるため実用上問題なく利用しているが、時として その違いが本質的となることもあり、その場合には計算の手順などを工夫して対応することになる。

## 7. 関数の引数と変数の範囲

関数を自分で定義して使用することもできる。function(){ } という形で作成する。() の中には変数を指定する。まず例で見てみよう。

第 1 章で述べたように R のコマンドは一行で書かなくてもよい。数行

に渡る場合には、+という文字が表示されるので、そのまま入力を続ける。入力が終わるとプロンプト > が表示される。これによって、$5 \times 6$ を計算する関数が定義されたことになる。

```
> f1 <- function(){
+  a <- 5
+  b <- 6
+  a*b
+ }
> f1

function(){
 a <- 5
 b <- 6
 a*b
}

> f1()

[1] 30
```

上記の例では、f1 と関数名だけを入力すると、関数の中身が表示される。実際に計算をさせるためには、f1() とする。すると 30 のように実際に計算がされる。ここでは、もう少し詳しく関数について見てみよう。関数で例えば a*b を計算させたいとする。先ほどの例は a、b も 決まった値だった。今度は、b は固定し、a を毎回変化させることを考えてみよう。

```
> f2 <- function(a){
```

```
+  b <- 6
+  a*b
+ }
> f2(5)

[1] 30
```

ここでは、function(a) とすることで関数が a という引数を持つことを示している。また利用するときには f2(5) のようにする。f2 の場合、f2() とすると a の値が決まっていないためエラーとなる。

```
> f2()

Error in f2(): 引数 "a" がありませんし、省略時既定値もありません
```

もう 1 つの例を考えてみよう。

```
> f3 <- function(a=2){
+ b <- 6
+ a*b
+ }
> f3()

[1] 12

> f3(5)

[1] 30
```

f3 の場合には、何も指定しない場合には a=2 として計算し 12 と出力し、また、f3(5) のように値を指定した場合には a=5 として計算する。このように省略されたときの値（これを**省略時既定値**という）を設定しておくこともできる。

## 8. まとめと展望

行列の積のように自分で手で行うには大変だと思う計算であっても、R を用いると瞬時に値を計算することができる。そこでは、行列を 1 つのまとまりとして見ることになる。複雑な計算を行う場合には計算が正しく行えたかを確認する方法を作っておくのも大切だろう。行列を変換という観点からわかりやすく説明した本として参考文献の [1] がある。また、例題が多いものとして参考文献の [2] もある。

### 参考文献

[1] 平岡和幸、堀玄、“プログラミングのための線形代数”, オーム社,2004 年

[2] Gilbert Strang（著）, 松崎公紀、新妻 弘（訳）“ストラング線形代数イントロダクション”, 近代科学社,2015 年

### 演習

1. 次の R のスクリプトは単位円上の点の集まりを A によって移動させたものである。これを見ると A という変換がどういう変換をしているのかをイメージしやすい（ベクトルを列ではなくて行にしているため、計算が 転値している）。ここで seq(a,b,c) とは a から b まで c きざ

みで数を発生させる。

```
> N <- 100
> theta <-seq(-pi,pi,2*pi/(N+1) )
> p_before <- cbind(cos(theta),sin(theta))
> plot(p_before)
> A <- matrix(c(1,2,3,4),ncol=2,nrow=2)
> p_after <- p_before %*% t(A)
> plot(p_after)
```

また、上の変換で $A$ の代わりに $P$ とすると $P\mathbf{x}$ という計算が回転に対応していることがわかる。試してみよ。

2. 関数について

```
> e1 <-function(a=5){
>   b <- 3
>   b*a
> }
```

とすると e1() と e1(3) はどうなるか？

**解答**

2. e1() : 15、e1(3) : 9

# 3 ファイルの読み込みとデータフレーム

**《目標＆ポイント》** 長方形の形をした表形式のデータ型であるデータフレームについて説明し、ファイルに書かれたデータを R で読み込む方法について説明する。そして、読み込んだデータを分析の方法に応じて変形する方法について説明する。tidyverse について説明する。

**《キーワード》** データフレーム、パッケージ、ファイルの読み込み、パイプ演算子

## 1. データフレームとファイルの読み込み

行列は行と列という 2 つの次元からなるが、行列の成分は 1 種類の数値データである（文字列のみの行列を作ることもできる）。異なる要素から成るデータもある。例えば、名簿のようなデータを考えると、名前が書かれている列は文字列、年齢があれば数値、他にも職業分類のように何種類かある値のどれか（これを**カテゴリー**データという）、というように列ごとに異なる属性を持つ。このような行と列からなる 2 次元の表形式のデータ型を**データフレーム**という。データフレームは上記のように、列ごとに異なる属性はあるが、長さの等しいベクトルから構成される**長方形**の形をしたデータである。一方、前章で計算した eigen(A) のように、固有値とベクトルという長さや構造が異なるものを 1 つのまとまりとして扱うこともある。このまとまりを**リスト**という。データフレームを作成する場合には data.frame() という関数を用いる。

```
> x <- c(145,148,152,154,158,159,163)
> y <- c(50,52,54,56,58,60,62)
> df_1 <- data.frame(height=x,weight=y)
> df_1

  height weight
1    145     50
2    148     52
3    152     54
4    154     56
5    158     58
6    159     60
7    163     62
```

今までは、データを１つ１つ入力することを考えた。しかし、Web サイトからダウンロードするなどデータを入手することも多いだろう。また、自分でデータを入力する場合も、データの規模が大きい場合には、RStudio のエディターで入力するよりも表計算ソフトを利用する方が便利であることも多い。次にこうしたファイル読み込みについて述べる。

表計算ソフトでデータを扱う場合には、表示の文字を修飾したり、表示桁数を制御したりすることもあるが、実際の値と値同士を区切る具体的な値とその値をどうやって区切っているかが分かればよい。この区切り文字を**デリミタ**（**delimiter**）という。区切り文字としては半角スペースやカンマ (,) がよく用いられる。そして、カンマで文字を区切ったファイル形式を **CSV 形式**（Comma Separated Value）という。パソコンではファイル名のピリオドの後につけられる**拡張子**によって、どのアプリケーションで開くかの関連付けがされている。CSV ファイルであれば、拡張子.csv が用いられる。R で CSV ファイルを読み込むには read.csv() という関数を用いる。

```
> df_2 <- read.csv("data/weight.csv")
```

ファイルを読み込むにはフォルダ read.csv() はどのファイルを読むかというファイルの在処を指定し、その後に、選択可能な追加項目 (オプション) を記述する。データの 1 行目が各列の説明である場合には header=TRUE と指定する。第 2 章で述べたように、関数のオプションでは省略した場合にあらかじめ値が定められていることがある。read.csv() では何も指定しないと TRUE なので、省略することもできる。関数については help（関数名） または ?関数名 とすると RStudio の右下の小窓の Help 欄に説明が表示される。

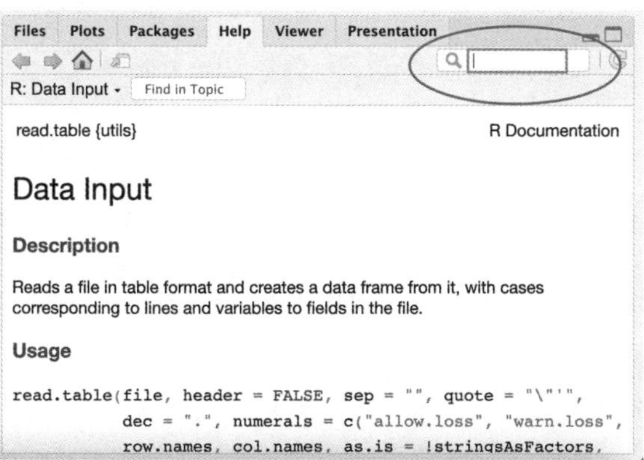


図 3-1　Help の表示

```
> ?read.csv
```

このHelpのタブの検索窓に関数名を入力して探すこともできる。

Helpは英語ではあるが、最後の方に例がある。Run Exampleをクリックするとどのような動作になるのかを確認できる。

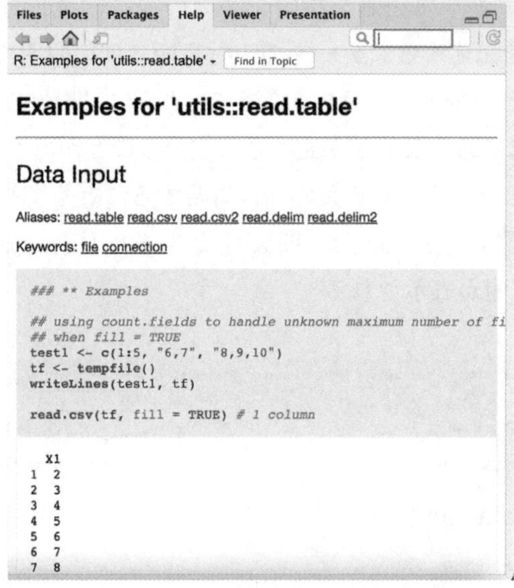


図3-2　run example の実行

ファイルを読み込んだ結果を見てみよう。

```
> df_2

  name1   A  B
1    A1 148 52
2    A2 152 54
```

```
3     A3 154 56
4     A4 158 58
5     A5 163 60
```

csv ファイルが読み込まれ、R 上 で データフレームとして h2 という名前で読み込まれる。

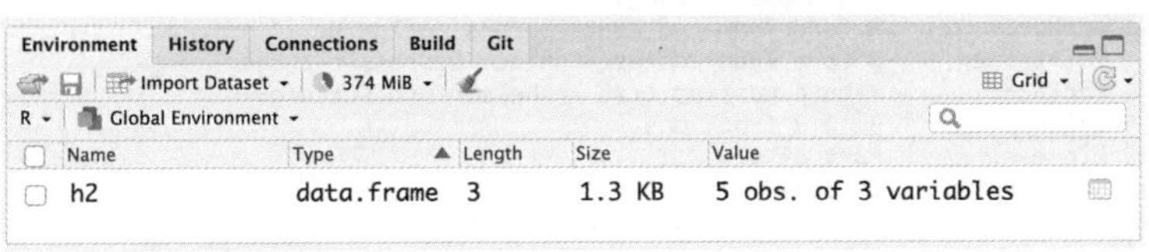


図 3-3　ファイル読み込み後の Environment

これは RStudio の右上の Environment タブでも確認できる。

## 2. パッケージ tidyverse

今まで利用していた関数は R をインストールした時に含まれる base というパッケージに含まれる関数だった。RStudio で

```
> library(help = "base")
```

とするとこのパッケージに含まれる関数などの情報を見ることができる。

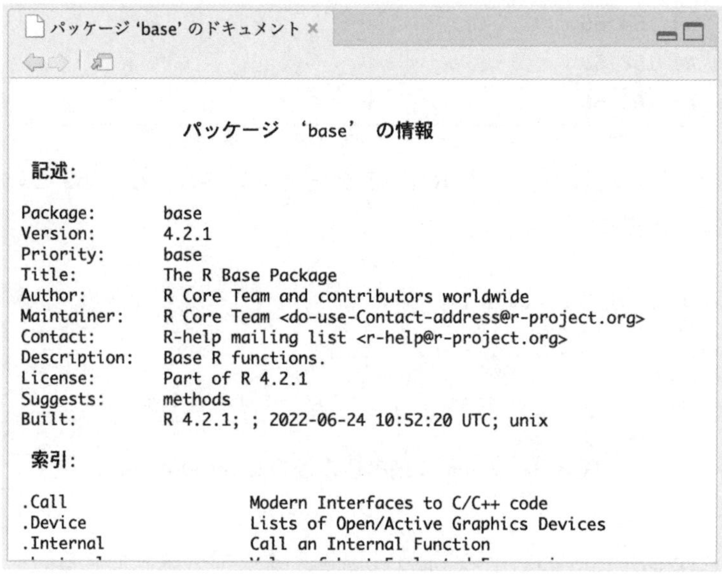


図 3-4　R の base パッケージ の情報

tidyverse は データサイエンスに向けた 統一した考えに基づいて設計されたパッケージの集まりであり、Hadley Wickham らが中心となって開発されている。インストールした後に利用するには

```
> library(tidyverse)
```

```
-- Attaching packages -------------------- tidyverse 1.3.2 --
v ggplot2 3.4.0          v purrr   0.3.5
v tibble  3.1.8          v dplyr   1.0.10
v tidyr   1.2.1          v stringr 1.4.1.9000
v readr   2.1.3          v forcats 0.5.2
-- Conflicts ----------------------- tidyverse_conflicts() --
```

```
x dplyr::filter() masks stats::filter()
x dplyr::lag()    masks stats::lag()
```

とする。主なパッケージとしては、

1) ggplot2: データの可視化
2) tibble: データフレームの拡張
3) tidyr: データフレームの変形
4) readr: ファイルの読み込み
5) purrr: リストの並列処理
6) dplyr: データフーレムの処理
7) stringr: 文字列操作
8) forcats: 因子型データの操作

などがある。このほかにも日付型データ操作のための lubridate などのパッケージが含まれている。異なるパッケージで同じ関数名が用いられることがある。stats というパッケージにも filter() という関数があり、dplyr というパッケージにも filter() という関数がある。そのため、filter() とした場合には dplyr のパッケージが用いられる。関数の前に パッケージ名::: とするとパッケージを指定して関数を利用することもできる。tibble はデータフレームを拡張したもので、データフレームと同じように作ることができる。

```
> df_3 <- tibble(height=x,weight=y)
> df_3


# A tibble: 7 x 2
  height weight
```

```
    <dbl>  <dbl>
1     145     50
2     148     52
3     152     54
4     154     56
5     158     58
6     159     60
7     163     62
```

表示されたものを見ると、データフレームは変数名を指定すると全ての行が表示されるが、`tibble` は デフォルトでは 10 行までしか表示されない。各列にその列の型名が表示される。そして、tibble には tibble 自体を要素とすることもできるなどの違いがある。ファイルの読み込む関数として、`read.csv` の改良版にあたるものが `readr` という パッケージに含まれている `read_csv` という関数である。

```
> df_4 <- read_csv("data/weight.csv")

Rows: 5 Columns: 3
── Column specification ──────────────────────────────
Delimiter: ","
chr (1): name1
dbl (2): A, B

i Use 'spec()' to retrieve the full column specification for
  this data.
i Specify the column types or set 'show_col_types = FALSE' to
  quiet this message.
```

日本語を含むファイルの場合、文字コードが違うと文字化けすることがある。read_csv() では locale=locale(encoding="文字コード名") と指定する。ファイルは tibble 形式で読み込まれる。

```
> df_4


  name1      A      B
  <chr>  <dbl>  <dbl>
1    A1    148     52
2    A2    152     54
3    A3    154     56
4    A4    158     58
5    A5    163     60
```

tidyverse のパッケージ tibble の関数は、read_csv や as_tibble など base のパッケージと類似の関数名ではあるが、base が ピリオドで区切られているものに対して、_ で区切られている。

## 3. データフレームの変形

この教材では今後、分析対象のデータは データフレーム形式を想定し、さまざまな変形を行う。dplyr はデータ操作のための パッケージである。

表 3-1　dplyr にある関数の例

| dplyr の主な関数 | 説明および例 |
|---|---|
| filter | 要件を満たす行の抽出 |
| select | 列の選択 |
| mutate | 新しい列を作る |
| arrange | 列の並べ替え |
| summrise | データの要約 |

例えば、先ほど作成した身長は cm の単位だったので、m で表したければ

```
> df_3 <- mutate(df_3,height= height/100)
> df_3

# A tibble: 7 x 2
  height weight
   <dbl>  <dbl>
1   1.45     50
2   1.48     52
3   1.52     54
4   1.54     56
5   1.58     58
6   1.59     60
7   1.63     62
```

とすると身長を m 単位に直せる。この例では　前に作った df_3 を関数の引数として与え、できた結果を df_3 に代入している。それによって、df_3 を変形しているが、新たに列を作ることもできる。R ではベクトルに対して、*、/ といった演算子を使うと成分ごとの計算を行う。次の例

は、身長と体重の列から

```
> df_3 <- mutate(df_3,BMI = weight/ height^2)
```

として BMI という列を追加している。

この 2 つの例のように、df_3 を出発点に色々と変形を繰り返していくことがある。このようなときに便利なのが、**パイプ演算子**である。R には base パッケージに |>、また、tidyr というパッケージには%>% がある。パイプ演算子は、x を関数 f に入力するときに f(x) とする代わりに、x %>% f() と書くことで計算をさせる。f(x,y) の場合には x %>% f(y) と書くことができる。それを使うと、先ほどの計算は

```
> df_3 <- tibble(height=x,weight=y)
> df_3 <- df_3 %>%
+   mutate(height = height / 100) %>%
+   mutate(BMI = weight/height^2 )
> df_3

# A tibble: 7 x 3
  height weight   BMI
   <dbl>  <dbl> <dbl>
1   1.45     50  23.8
2   1.48     52  23.7
3   1.52     54  23.4
4   1.54     56  23.6
5   1.58     58  23.2
6   1.59     60  23.7
7   1.63     62  23.3
```

と書くことができる。tidyverse とは別に magrittr というパッケージをインストールすると この代入の作業を含めた%<>% という演算子を使うことができる。

```
> library(magrittr)
> df_3 <- tibble(height=x,weight=y)
> df_3 %<>% mutate(height = height / 100) %>%
+   mutate(BMI = weight/height^2 )
```

と書くことができる。ここで、R では行ごとに命令が完結していると命令が終わったものと判断される。また、入力が長いと読みにくくなるため、パイプ演算子を使うときには %>% としてから改行する。

データによっては複数のデータフレームを結合するという場合もある。次の例の各データフレームは同じ id を持つ 100 人の学生が異なる 3 つの試験を受けたデータである。inner_join(x,y) とすると x と y で同じ列名を持つ列の値を比較して結びつける。inner_join の場合には x と y の両方に共通する id の科目の点数だけを結合する。left_join(x,y) は x にある id に対応する id の y の科目の点数を結びつけてる。right_join(x,y) は y にある id に対応する x の科目の点数を結びつける。full_join(x,y) はどちらか一方に含まれる id の科目を結びつける。inner_join 以外の場合に対応する値がない場合には **欠損値** を表す NA となる。

```
> df_suba  <-read_csv("data/subA.csv")
> df_subb  <-read_csv("data/subB.csv")
> df_subc  <-read_csv("data/subC.csv")
> df_sub <- df_suba %>%
+   inner_join(df_subb) %>%
+   inner_join(df_subc)
```

```
> df_sub %>% head()

# A tibble: 6 x 4
     id  subA  subB  subC
  <dbl> <dbl> <dbl> <dbl>
1     1    38    43    81
2     2    53    61    33
3     3    42    41    39
4     4    49    54    54
5     5    37    57    63
6     6    39    39    52
```

このようにして得られた df_sub は科目ごとに別の列となっている。次の章で示す箱ひげ図を書くという場合には、subA、subB、subC の結果を subject として 1 つの列にまとめたいということもある。tidyr というパッケージにある pivot_longer という関数を用いると複数の列を 1 つにまとめて 長い列を作成することができる。まとめたい列を指定し、それによってできる新しい列名を names_to、値を表す列名 を values_to で指定する。write_csv で変数を CSV ファイルに書き出すことができる。

```
> df_longsub <-  df_sub %>%
+   pivot_longer(c(subA,subB,subC),
+                names_to="subject",
+                values_to="score")
> df_longsub %>% head()

# A tibble: 6 x 3
     id subject score
```

```
  <dbl> <chr>   <dbl>
1     1 subA       38
2     1 subB       43
3     1 subC       81
4     2 subA       53
5     2 subB       61
6     2 subC       33

> write_csv(df_longsub,"data/long.csv")
```

表示は6行だが、実際には300行ある。一方で、このように長いデータを列の値に応じて横に広い形に変形するにはpivot_wider()を用いる。

```
> df_widesub <-  df_longsub %>%
+   pivot_wider(names_from="subject",
+               values_from="score")
> df_widesub %>% head()

# A tibble: 6 x 4
     id  subA  subB  subC
  <dbl> <dbl> <dbl> <dbl>
1     1    38    43    81
2     2    53    61    33
3     3    42    41    39
4     4    49    54    54
5     5    37    57    63
6     6    39    39    52

> write_csv(df_widesub,"data/wide.csv")
```

もう一度広げることで df_widesub は df_sub と一致している。また、特定の列を抽出するときには select()、ある条件を満たす行を抽出するときには filter という関数がある。(iris については 179 ページ参照。)

```
> iris %>% select(Species) %>% table()

Species
    setosa versicolor  virginica
        50         50         50
> iris %>% filter(Species=="setosa") %>% head()

  Sepal.Length Sepal.Width Petal.Length Petal.Width Species
1          5.1         3.5          1.4         0.2  setosa
2          4.9         3.0          1.4         0.2  setosa
3          4.7         3.2          1.3         0.2  setosa
4          4.6         3.1          1.5         0.2  setosa
5          5.0         3.6          1.4         0.2  setosa
6          5.4         3.9          1.7         0.4  setosa
```

## 4. まとめと展望

tidyverse については詳しく知るには Haley Wickham の本がある (参考文献の [2])。英語であれば 最新のものを Web で見ることもできる (参考文献の [1])。ただし、開発中のため同じ環境を整備するのは難しい。また、日本語でも多くの本が出版されており、参考文献の [3] などがある。

## 参考文献


[1] Hadley Wickham, "Tidy Data" Journal of Statistical Software, vol.59(10), pp1–23,2014 https://www.jstatsoft.org/index.php/jss/article/view/v059i10

[2] Hadley Wickham,Garrett Grolemund（著）, 黒川利明 (訳) "R ではじめるデータサイエンス", オライリー・ジャパン,2017, https://r4ds.had.co.nz/

[3] 松村優哉, 湯谷啓明, 紀ノ定保礼, 前田, 和寛, "改訂 2 版 R ユーザのための RStudio[実践] 入門:tidyverse によるモダンな分析フローの世界", 技術評論社,2021,


## 演習

RStudio の help を見ると、メニューに `Cheat sheets` とある。ここで、関数やソフトウェアの操作についてイラストなどで説明したチートシート（早見表） を見ることができる。

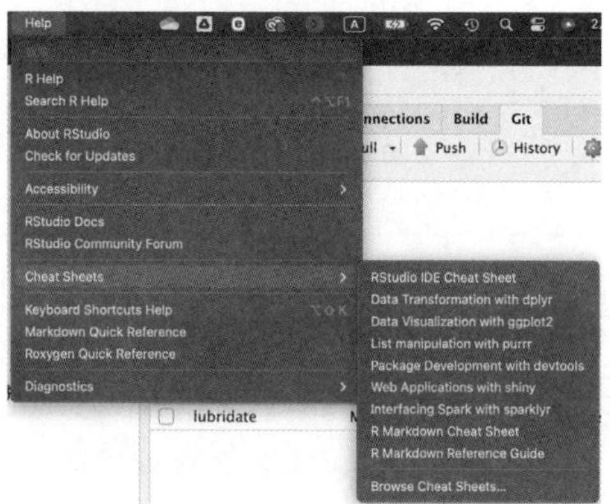


図 3-5　Help の Cheat Sheets メニュー

また、`Posit` 社の Web サイトには有志によって各国の言語に翻訳されたものもある。

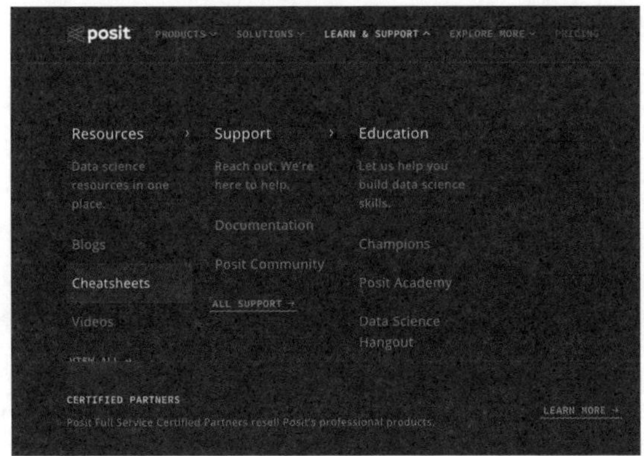


図 3-6　posit の Web サイトにある Cheat Sheets

Cheet Sheet をもとに tibble を作成して、`mutate`、`select`、`filter` などの動作を確認してみよ。

# 4　データの視覚化

**《目標＆ポイント》**データの持つ特徴を視覚的に表現する方法がグラフである。Rではグラフの種類に違いがあっても共通の文法に則って書くことができるように設計された `ggplot2` というパッケージがある。散布図、棒グラフ、ヒストグラム、箱ひげ図、円グラフといった代表的なグラフを作成する方法について説明する。

**《キーワード》**散布図，棒グラフ、ヒストグラム、箱ひげ図、円グラフ

## 1.　散布図 (scatter plot)

散布図とはデータの 2 つの要素を縦軸横軸上の点として表したものである。例えば身長と体重 (148,52) を横軸に $x = 148$、縦軸に $y = 52$ としてグラフ上の点に表したものである。散布図を書くには `plot()` という関数を用いる。`plot(c(`$x_1$`,`$y_1$`),c(`$x_2$`,`$y_2$`))` とすると点 $(x_1,y_1)$、$(x_2,y_2)$ の点を描画する。

**表 4-1　身長と体重**

| 氏名 | 身長 | 体重 |
|---|---|---|
| A01 | 148 | 52 |
| A02 | 152 | 54 |
| A03 | 154 | 56 |
| A04 | 158 | 58 |
| A05 | 163 | 60 |

```
> h1 <- read.csv("data/weight.csv")
> plot(h1[,2:3],pch=16)
```

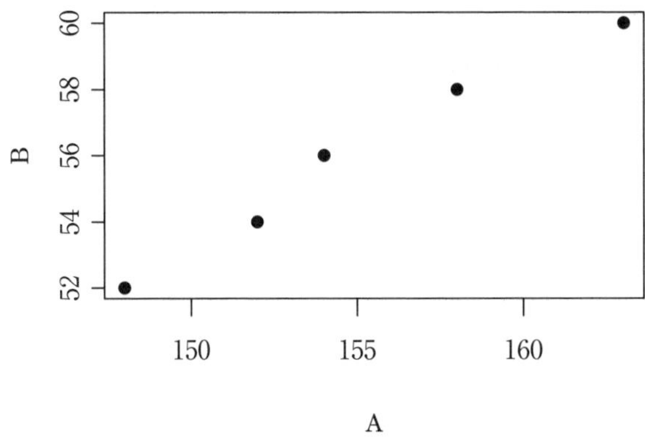


図 4-1　plot による散布図

plot() は多くのオプションを指定することができる。例えば点の種類を指定する場合、何も指定しないと各点は白い点 (pch=1) としてプロットされる。一方、pch=16 とすると白丸を黒く塗りつぶした点でプロットする。このように指定した番号によって三角形や×印などで表される。また、plot() という関数は 1 つのコマンドで新たな図を作成するが、その後、新たに点や線を付け加えたグラフを作成したいこともある。この場合には追加で関数を用いる。この plot() のように新たに図を作成することができる作図関数を**高水準作図関数**といい、作成された図に付け加えるための関数を**低水準作図関数**という。例えば、points()、lines()、text() という関数は作成した図にそれぞれ点、線、文字を追加するものである。ただし、低水準作図関数は高水準作図関数とセットで利用し、単体でグラフを作成することができない。次の例は、まず plot() という関数において、type="n"で実際には点をプロットせずに枠だけを描画し、次にtextでh1の各座標に、h1の行の名前rownames(h1)をプロットしている。

```
> plot(h1[,2:3],type="n")
> text(h1[,2:3],h1[,1])
```

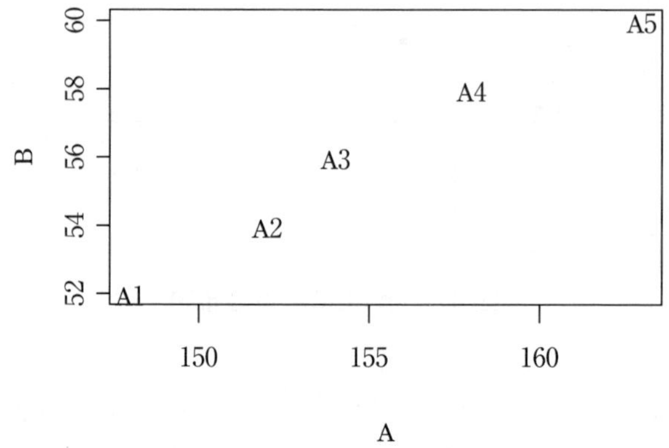


図 4-2　text による文字の描画

この図以外にも、複数の種類の点や線が混じっている場合には、点や線が何を示しているかが知りたいことがある。図の中で点や線が示すものについての説明を**凡例** (legend) という。凡例のほかに、図を作成する場合には、後から見て何のグラフかがわかるように以下の項目が記載されているかを確認する。

1) 凡例
2) 軸の値
3) 軸のラベル (軸が何を示しているか)

4) 図の見出し (タイトル)

作成した図を使ってレポートを書く場合は、この印刷教材のように、図の見出しの代わりに**キャプション**として説明を書く場合もある。意図的に凡例を指定する場合には、次のように指定する。

```
> plot(h1[,2:3],main="plot()",xlab="height",ylab="weight")
> legend(160,53,legend="e01.dat",pch=1)
```

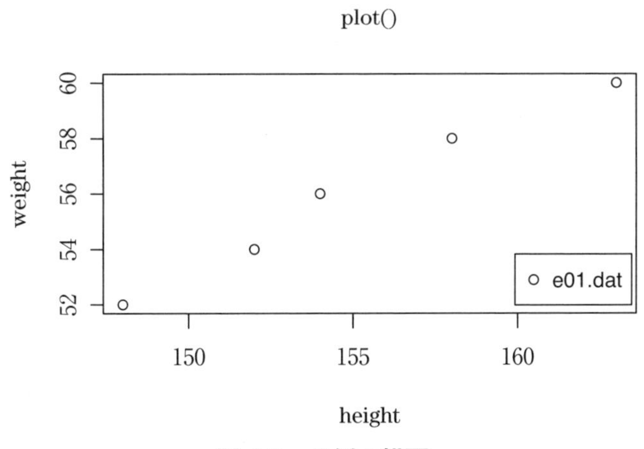


**図 4-3　凡例の描画**

ここで、main が図のタイトル、xlab、ylab はそれぞれ. $x$ 軸、$y$ 軸のラベルである。凡例は legend という低水準作図関数を用いて描画する。上の例は、$x = 160$、$y = 53$ の所に、点のタイプ pch=1 は"e01.dat"のデータであるということを示すために書いている。R の関数は引数の値に応じて振る舞いを変える**多態性**という特徴がある。散布図を書くには plot() という関数があるが、plot() も引数の値によって異なる振る舞いをする。

tidyverse のパッケージには、異なる種類のグラフであっても共通の文法に基づいて描画できるように設計された ggplot2 という関数がある。ggplot2 では、まずどのデータを用いるのかを data データフレームで指定する。aes 属性でこのデータフレームのどの列が x 座標や y 座標になるのかを指定する。それによって、空のグラフが作成される。その後この座標に、さまざまな種類のグラフを描画していく。線や点などは +geom_() で指定する。座標というレイヤーに点だけのレイヤーを重ね、さらにその上に線を書いたレイヤーを重ねてグラフを作る。こうしてグラフを作って、最後にデザインや座標軸などの設定をしていく。例として散布図は次のように書くことができる。geom_で data を指定することもできるが、省略した場合には ggplot で指定した data であると判断される。

```
> ggplot(data=h1, aes(x = A, y = B,label=name1) ) +
+    geom_text()
```

命令が長くなるので複数行に渡ることになるが, + を打った後に改行する。

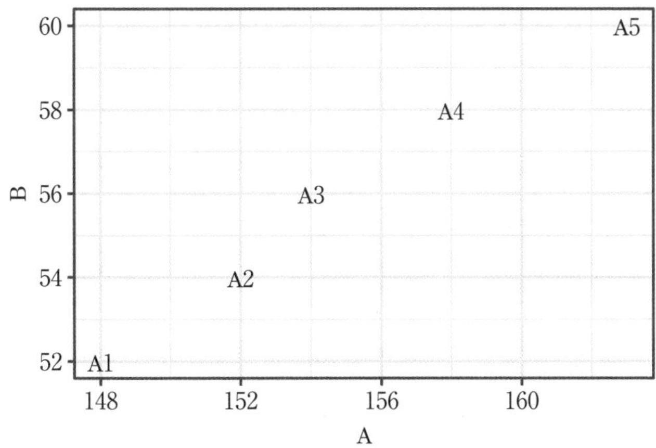


図 4-4　ggplot による散布図

ggplot() で指定した属性が次にも引き継がれるが、以下のように書くことができる。比較する場合などはそもそも同じデータフレームになるようにデータフレームを整えるのも方法の 1 つだが、サイズの異なる別のデータフレームのデータを描画するときにはこうした方法もある。

```
> ggplot() +
+    geom_text(data=h1,aes(x = A, y = B,label=name1) )
```

## 2.　ヒストグラム (histogram)

データの数が多い場合に、データをある階級に分けて、その階級ごとに数を集計することがある。このとき、この階級ごとの個数を**度数** (frequency) といい、全体の中で占める割合を**相対度数** (relative frequency) という。区間ごとの度数の蓄積を**累積度数** (cumulative frequency)、相対度数の蓄積を **累積相対度数** (cumulative relativefrequency) という。また、階級ご

との度数 (相対度数) を表す表のことを**度数分布** (frequency distribution) という。度数分布を棒グラフで表したものが **ヒストグラム**である。R では、hist(データ) とすると、自動的に度数分布を作成し、グラフを作成してくれる。例えば、第 3 章で変形した科目データを使うことにする。

```
> h2 <- read_csv("data/wide.csv")
> hist(h2$subA)
```

とすれば、図 4-5 のようなグラフを作成してくれる。縦軸の Frequency は度数を表している。これを割合に変える場合には freq=F を加える。このようにヒストグラムは平均や分散だけではわからないデータの分布を表す。

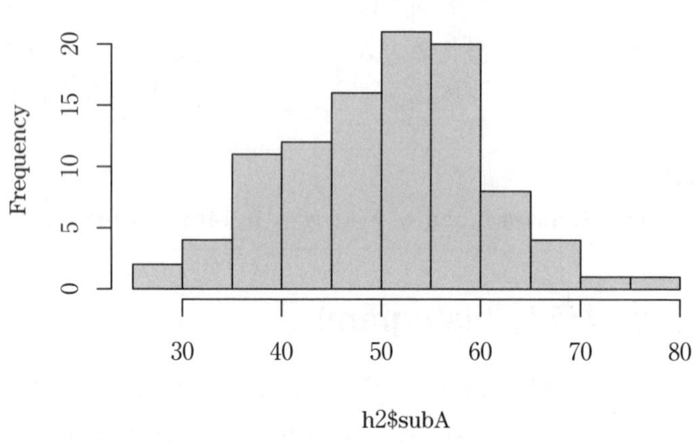


図 4-5　ヒストグラム

ヒストグラムでは階級 (**ビン**ともいう) の数をどうするかが問題になる。目安として スタージェスの公式 $1+\log(2n)$ がある。また, ‘ggplot’ では以下のように指定する。

```
> ggplot(h2)+geom_histogram(aes(x=subA),bins=10)
```

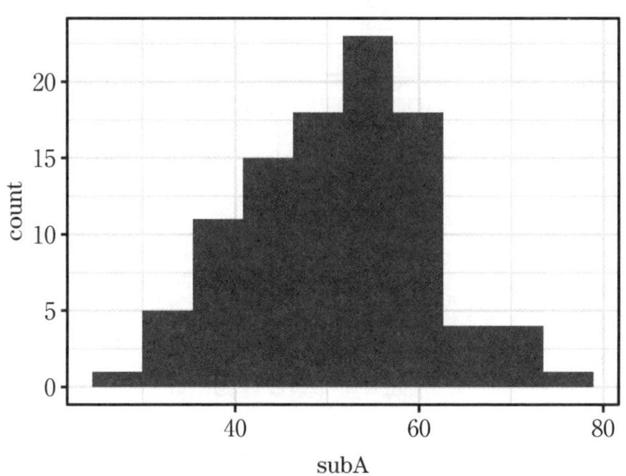


図 4-6　ggplot によるヒストグラム（bins は階級の数）

## 3.　箱ひげ図

データの分布を表すもう 1 つの方法に箱ひげ図がある。これはデータを大きい順にならべて、4 等分した時の値を図にしたもので、小さい順に、第一四分位数、第二四分位数（中央値)、第三四分位数という。箱ひげ図は複数の値がある場合にそれぞれ計算して書いてくれる。列が分かれている場合には、第 3 章で行ったように pivot_longer() で 長くする。

```
> h3 <- read_csv("data/long.csv")
> ggplot(h3)+geom_boxplot(aes(x=subject,y=score))
```

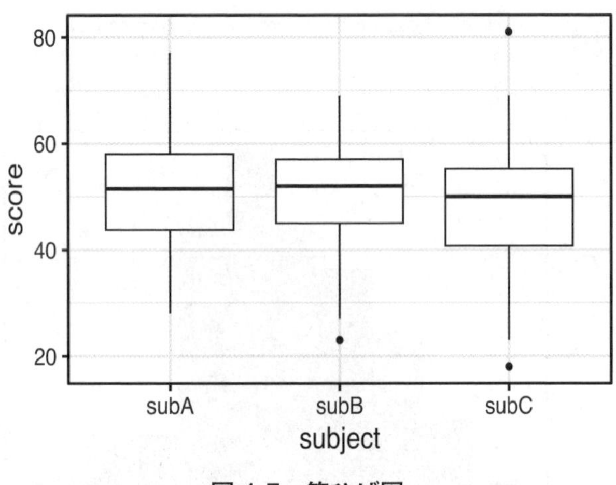


図 4-7　箱ひげ図

## 4. 棒グラフ

棒グラフ (bar chart) は棒の長さによって値の大きさを表すグラフである。項目ごとの値を比較したいという場合に用いる。R で棒グラフを書く場合には `geom_bar()` を用いる。`geom_bar` は `x` のみ指定すると、その列にある要素をそれぞれ数え上げて棒グラフを作成してくれる。先ほどの `h3` では 3 科目が 100 個ずつあったので 次のような形になる。

```
> ggplot(h3)+
+   geom_bar(aes(x=subject) ) +
+   scale_fill_brewer(palette = "Greys")
```

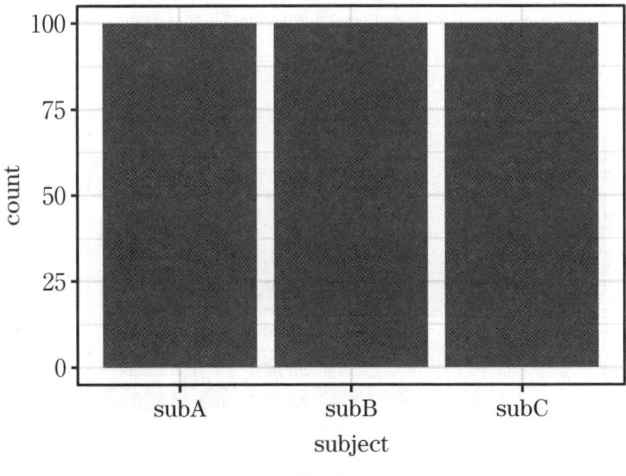


図 4-8　棒グラフ (1)

あらかじめ数え上げられているデータを描画する場合には stat で "identity" と指定する。

```
> c1 <- read_csv("data/freq.csv")
> ggplot(c1)+
+    geom_bar(aes(x=name,y=freq,fill=name),stat='identity')+
+    scale_fill_brewer(palette = "Greys")
```

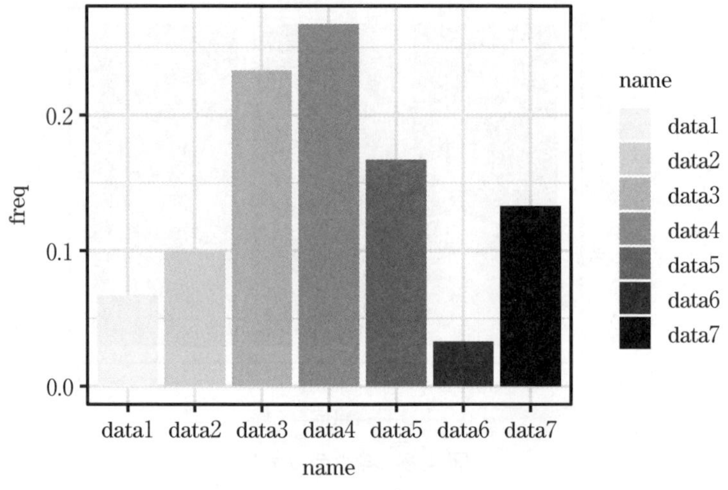


図 4-9　棒グラフ (2)

積み上げ棒グラフとは同じグループごとにまとめた 棒グラフである。

```
> c2 <- tibble(
+   group = c("A","A","B","B"),
+   name = c("A1","A2","B1","B2"),
+   value=c(1,4,3,5)
+)
> ggplot(c2)+
+   geom_bar(aes(x=group,y=value,fill=name),stat='identity')+
+   scale_fill_brewer(palette = "Greys")
```

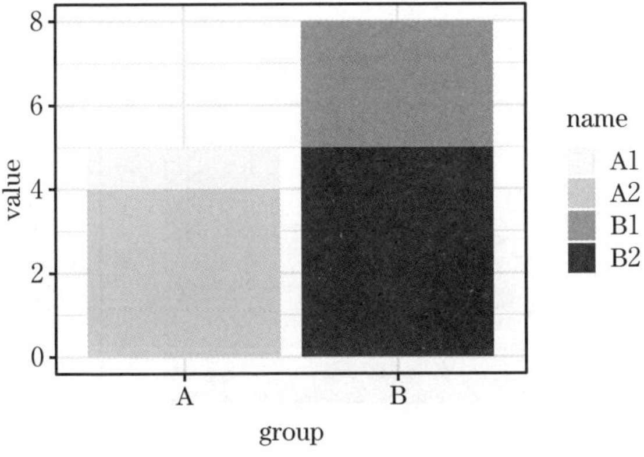


図 4-10　積み上げ棒グラフ

## 5.　円グラフ (circle graph)

先ほどの積み上げ棒グラフを利用すると 1 列の積み上げ棒グラフができる。position='fill' は縦軸の長さを揃え、それぞれの割合を表示する。

```
> c1 <- read_csv("data/freq.csv")
> ggplot(c1)+
+   geom_bar(aes(x="",y=freq,fill=name),
+            stat="identity",position="fill")+
+   scale_fill_brewer(palette = "Greys")
```

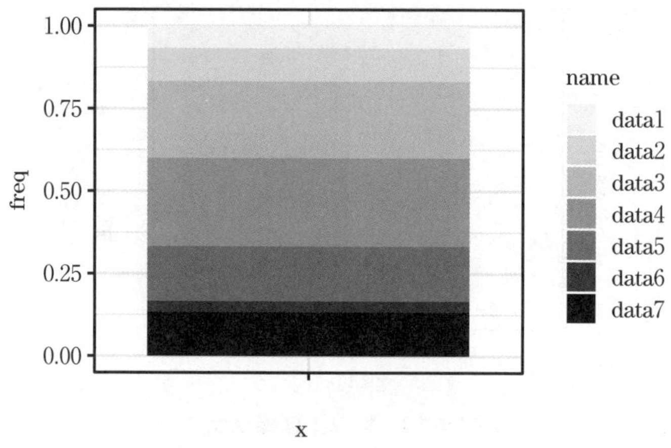


図 4-11　積み上げ棒グラフ

円グラフとは、全体の面積を 100 (あるいは 1) として、各項目の表す割合を面積で表したものである。次に述べるような棒グラフと同じようにデータを面積で表したものであるが、特に全体の割合を示す場合に使われることが多い。円であると、100%であれば 360 度になるので、10%であれば 36 度といったように割合に応じて中心の角度を定めて描画する。円グラフは先ほど書いた積み上げ棒グラフを coord_polar で極座標表示にするとできる。

```
> ggplot(c1)+
+    geom_bar(aes(x="",y=freq,fill=name),
+             stat="identity",position="fill")+
+    coord_polar("y", direction=-1) +
+    scale_fill_brewer(palette = "Greys")
```

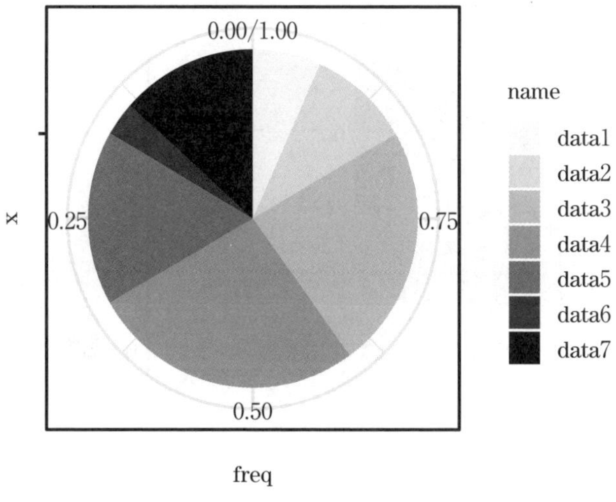


図 4-12　円グラフ

円グラフは全体の内訳を見るには向いているが、グラフから細かい値を読み取ることは難しい。次のグラフは、図 4-11 で積み上げ棒の中心位置の y 座標を求め（pos1 という列）、その位置にそれぞれの割合を表すテキストを書き、円グラフにしたものである。

```
> ggplot(c1,aes(x=""))+
+   geom_bar(aes(y=freq,fill=name),
+            stat="identity",position="fill")+
+   geom_text(aes(label=freq,y=pos1))+
+   coord_polar("y", direction=-1)  +
+   scale_fill_brewer(palette = "Greys")
```

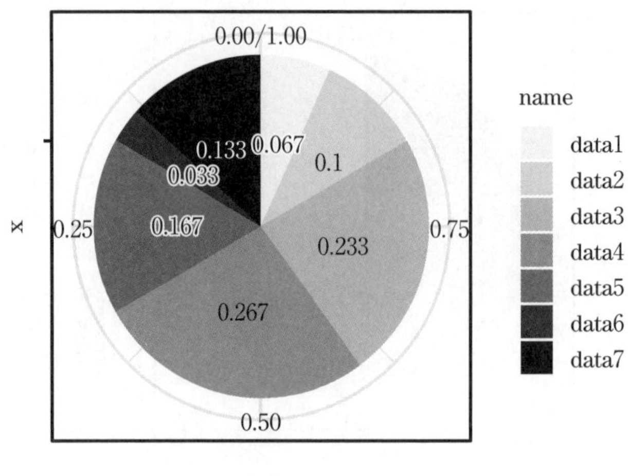


図 4-13　円グラフへの値の表示

## 6. 関数の描画

今までファイルからデータを読み込みそのデータを元にグラフを描画した。しかし、関数などを描画したいということもあるだろう。その場合には以下のように新しく関数を定義して plot を使って書くことができる。

```
> ggplot(data = data.frame(x=c(0,2*pi) ) ,aes(x) ) +
+   geom_function(fun=sin)
```

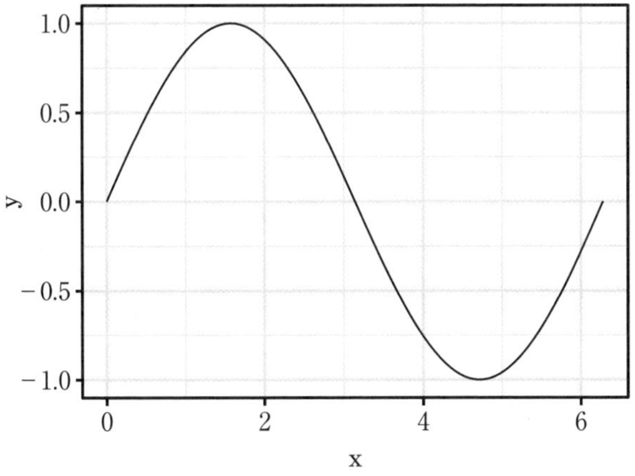


図 4-14　関数の描画 (1)

以下のように data.frame を省略して、xlim() で範囲を指定することもできる。

```
> ggplot + xlim(0, 2*pi ) +
+         geom_function(fun=sin)
```

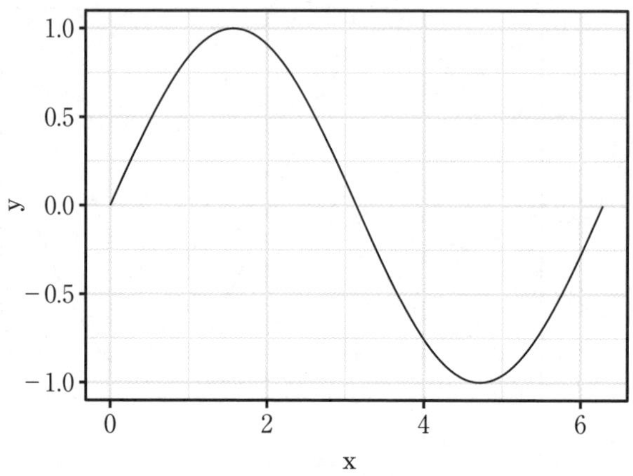


図 4-15　関数の描画 (2)

コンソールで作成したグラフは右下の小窓の Plots タブに表示される。このタブにある Export をクリックするとファイルを 保存できる。

また、ggsave() という関数もあり、幅や高さを指定してる保存することができる。単位 units としてはインチ in、センチメートル cm、ミリメートル mm, 画素（ピクセル）px がある。スクリプトで作成する場合にはこの方法も有効だろう。

```
> p1 <- ggplot() +
+    geom_function( data = data.frame(x=c(0,2*pi) ) ,
+                       aes(x), fun=sin)
> ggsave(file="sin0.png",plot=p1,
+         width=5, height=3,units="cm")
```

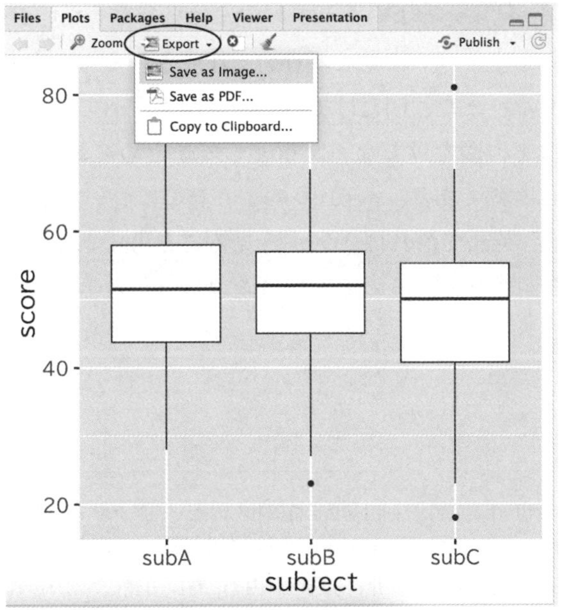


図 4-16　描画したファイルの保存

# 7.　まとめと展望

ただ幾何的に綺麗であるグラフよりも、しっかりと相手にその意図が伝わるグラフを作成するべきである。グラフを作成する手順を順番に整理すると、

1) データを選ぶ
2) グラフの種類を選ぶ
3) 軸の範囲, 目盛を選ぶ

となる。データはデータフレームで列を変形して、グラフに指示をする。コンピュータを用いると、3D グラフのように見栄えのよいグラフが簡

単にできるが、見栄えのよいグラフの中には見せたくないデータを隠し、伝えたいことをオーバーに見せる目的で作成されるものもあるので、注意が必要である。また、図だけで自分の意図がすべて伝わるわけではない。その特徴を、図だけでなく文章としてまとめておくことも大切で、Markdown は有効である。`ggplot` のより詳細については参考文献の [1] や [2] がある。英語であれば Web で 見ることもできる。どちらもソースが git に公開されているので実際に確認しながら学ぶことができる。

## 参考文献

[1] Hadley Wickham（著）, 石田基広, 石田和枝 (訳), “グラフィックのための R プログラミング-ggplot2 入門”,“丸善出版”,2012, https://ggplot2-book.org/

[2] Winston Chang（著）, 石井弓美子, 河内崇, 瀬戸山雅人（訳）“R グラフィックスクックブック : ggplot2 によるグラフ作成のレシピ集” オライリー・ジャパン,2019,https://r-graphics.org/

[3] 松村優哉, 湯谷啓明, 紀ノ定保礼, 前田, 和寛, “改訂 2 版 R ユーザのための RStudio[実践] 入門 : tidyverse によるモダンな分析フローの世界”, 技術評論社,2021 年

## 演習

1. グラフの作成ではオプションがどういう意味かを忘れてしまうことがある。いくつかのオプションを取り除いた場合のグラフも作成して残しておくとよい。

2. 累積度数について R では cumsum() という関数がある。逆に前後の差分を計算する diff() という関数もある。

```
> x <- c(1,3,6,10,15)
> cumsum(x)

[1]  1  4 10 20 35

> diff(x)

[1] 2 3 4 5
```

3. ヒストグラムはどちらも描画だけであったが、実際の度数分布も知りたい場合がある。hist は plot=FALSE とすると描画しない。度数分布ちょうどよい階級値になるように 個数を調整する。

```
> hist(h2$subA,plot=FALSE)
$breaks
 [1] 25 30 35 40 45 50 55 60 65 70 75 80

$counts
 [1]  2  4 11 12 16 21 20  8  4  1  1

$density
 [1]  0.004 0.008 0.022 0.024 0.032 0.042 0.040 0.016 0.008
 [10] 0.002 0.002

$mids
 [1] 27.5 32.5 37.5 42.5 47.5 52.5 57.5 62.5 67.5 72.5 77.5
```

```
$xname
[1] "h2$subA"

$equidist
[1] TRUE

attr(,"class")
[1] "histogram"
```

# 5 確率分布

**《目標＆ポイント》** データを分析する際によく利用される確率分布について概説する。R ではさまざまな確率分布について、その分布に従う乱数を発生させる関数が提供されている。そこで、こうした乱数を用いて確率分布同士の関係を見るシミュレーションについて説明する。最後にファクター（因子）と呼ばれるデータ型について説明する。

**《キーワード》** 確率分布、標本分布、乱数、ファクター

## 1. 確率分布

「明日の天気が晴れであるかどうか」や「コインを投げて表が出る」のように 2 種類のどちらかであるような試行を**ベルヌイ試行**といい、「天気が晴れる」、「コインの表が出る」といった試行によって起こる結果のことを**事象**という。ベルヌイ試行を繰り返し行い、表が出る回数 $X$ について調べることを考えよう。この変数 $X$ は起こる回数によって異なる確率となる。このようにある変数が確率と対応づけられるとき、その変数を **確率変数** という。確率変数は、この成功回数のような離散値となることもあれば、待ち時間のように 連続値となる事もある。そして、確率変数と確率との対応を **確率分布** という。ある確率変数が $n$ 通りの値 $x_i$ を取るものとし、それぞれの確率を $p_i$ として

$$P(X = x_i) = p_i \tag{5.1}$$

というように書く。2 種類の事象のうちのある一方の事象が起こる確率を $p$ $(0 \leqq p \leqq 1)$ とする。$n$ 回のベルヌイ試行でこの事象が起こる回数が $k$ 回となる確率は

$$P(X = k) = {}_n\mathrm{C}_k p^k (1-p)^{n-k} \tag{5.2}$$

と表すことができる。この確率変数 $X$ が従う確率分布を**二項分布**という。この確率分布は、$n$ と $p$ の値によって決まる。このように確率分布を特徴付ける量を**母数**（パラメータ）という。ある確率分布が与えられた時に、その分布に従う確率変数から出る値として予測される値を**期待値**という。期待値と分散は

$$E[X] = \sum_{i=1}^{\infty} x_i P(x_i) \tag{5.3}$$

$$V[X] = E[(X - \bar{X})^2] = \sum_{i=1}^{\infty} (x_i - m)^2 P(x_i) \tag{5.4}$$

と計算することができる。二項分布の場合、

$$E[X] = np \tag{5.5}$$

$$V[X] = npq \tag{5.6}$$

となる。ある事象が確率 $p$ で起こるベルヌイ試行を繰り返し行うとき、この事象が初めて起こるまでの試行回数を $X$ とすると、$X = k$ となる確率は

$$P(X = k) = (1-p)^{k-1} p \tag{5.7}$$

と書くことができ、$X$ が従う確率分布を**幾何分布**という。期待値と分散は

$$E[X] = \frac{1}{p} \tag{5.8}$$

$$V[X] = \frac{1-p}{p} \tag{5.9}$$

と求まる。次に、確率変数 $X$ が連続値を取る場合を考える。例として、身長を測定することを考えよう。身長が 160 cm ということがある。しかし、実際には無限に精度を高めて測定することができるとすると、ちょうど 160.0cm であることは考えにくい。つまりその確率はとても小さくなると考えられる。そのような場合は、$X$ が 160cm になる確率を考えるのではなく 159.9cm から 160.1cm というように、ある範囲にある確率を考える方が有効だろう。このように確率変数が連続の値を取る場合には、$a \leqq X \leqq b$ である確率を

$$P(a \leqq X \leqq b) = \int_a^b f(x)dx \tag{5.10}$$

という形で考えた方がよい。そこで、この $f(x)$ のことを**確率密度関数**と呼ぶ。また、

$$F(x) = P(X \leqq x) = \int_{-\infty}^{x} f(t)dt \tag{5.11}$$

で表される関数を**（累積）分布関数**という。例として、平均 $\mu$、分散 $\sigma$ である正規分布（これを $N(\mu, \sigma^2)$ と書く。）の確率密度関数は次のように

$$f(x) = \frac{1}{\sqrt{2\pi\sigma^2}} \exp(-\frac{(x-\mu)^2}{2\sigma^2}) \tag{5.12}$$

と表される。$N(0,1)$ のことを特に **標準正規分布**という。例えば、確率変数 $X$ が標準正規分布に従うとき、図 5-1 に示すような $X \leqq 2$ となる

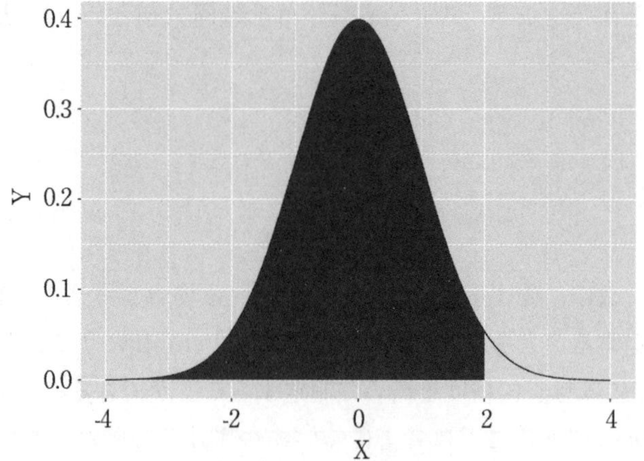


**図 5-1　正規分布の累積確率の計算例**

確率 $P(X \leqq 2)$ は

$$P(X \leqq 2) = \int_{-\infty}^{2} \frac{1}{\sqrt{2\pi}} \exp(-\frac{t^2}{2})dt$$

を計算することになる。このような計算を今後 R を用いて行う。連続分布の場合の期待値と分散も離散分布同様に定義でき、

$$m = E(X) = \int_{-\infty}^{\infty} xf(x)dx \tag{5.13}$$

$$V(X) = \int_{-\infty}^{\infty} (x-m)^2 f(x)dx \tag{5.14}$$

を計算することで求めることができる。実際に計算すると

$$\int_{-\infty}^{\infty} t \cdot \frac{1}{\sqrt{2\pi\sigma^2}} \exp(-\frac{(t-\mu)^2}{2\sigma^2})dt = \mu \tag{5.15}$$

$$\int_{-\infty}^{\infty} (t-\mu)^2 \cdot \frac{1}{\sqrt{2\pi\sigma^2}} \exp(-\frac{(t-\mu)^2}{2\sigma^2})dt = \sigma^2 \tag{5.16}$$

が成り立つ。ある変数 $x$ が有限区間 $x \in [a, b]$ の範囲で等確率で起こるとき、確率密度関数は

$$P(X \leq x) = \frac{1}{b-a} \tag{5.17}$$

と書くことができる。これを **一様分布** という。その期待値と分散は

$$E(X) = \frac{a+b}{2} \tag{5.18}$$

$$V(X) = \frac{(b-a)^2}{12} \tag{5.19}$$

となる。

## 2.　指数分布とポアソン分布

二項分布において、期待値である $np = \lambda$ を一定にした条件で $n$ を大きくした極限を考えると

$$P(X = k) = \frac{e^{-\lambda}\lambda^k}{k!} \tag{5.20}$$

となる。この $X$ が従う分布を**ポアソン分布**という。$n$ を大きくすると $p = \frac{\lambda}{n}$ は小さい値となる。とはいえ、全く起きないということはなく、平均的に $\lambda$ 回起こる。このように、ポアソン分布は滅多に起きない事象が起こる回数を考えるときに使われる。このとき、期待値と分散は

$$E[X] = \lambda \tag{5.21}$$

$$V[X] = \lambda \tag{5.22}$$

となる。また、幾何分布において、$x = \frac{k}{n}$ として、$np = \lambda$ として $n$ を無限に大きくすると

$$P(X = x) = \lambda \exp(-\lambda x) \tag{5.23}$$

となる。この $X$ が従う分布を**指数分布**という。幾何分布が初めて起こるまでの回数であったが、指数分布は次に人に出会うまでの待ち時間などを表すときに使われる。ポアソン分布での生起する間隔の分布は指数分布となる。期待値と分散は

$$E[X] = \frac{1}{\lambda} \tag{5.24}$$

$$V[X] = \frac{1}{\lambda^2} \tag{5.25}$$

となる。指数分布は次に生起するまでの待ち時間を表したが、次の $k$ 回が起こるまでの時間は次の式で表される。

$$P(X = x) = \frac{\lambda^k}{\Gamma(k)} x^{k-1} e^{-\lambda x} \tag{5.26}$$

これをガンマ分布という。ここで $\Gamma(z)$ は階乗を拡張した関数で、実部が正の複素数 $z$ を用いて

$$\Gamma(z) = \int_0^\infty t^{z-1} \exp(-t) dt \tag{5.27}$$

で定義される。$k$ が自然数のとき、$\Gamma(k) = (k-1)!$ である。期待値と分散は

$$E[X] = \frac{k}{\lambda} \tag{5.28}$$

$$V[X] = \frac{k}{\lambda^2} \tag{5.29}$$

となる。

## 3.　確率分布に関する関数

Rでは確率分布に関する関数としては4種類の関数がある。正規分布の場合には

表 5-1　正規分布に関する関数

| 関数名 | 説明 |
|---|---|
| dnorm(x,mean,sd) | 確率密度関数 $f(x)$ の値 |
| pnorm(x,mean,sd) | 分布関数 $P(X < x)$ の値 |
| qnorm(p,mean,sd) | 確率点。pnorm が p となる x の値 |
| rnorm(N,mean,sd) | 正規乱数を N 個 |

省略時既定値が $\mu = 0$、$\sigma = 1$ となっているので、省略すると標準正規分布に関する関数となる。図 5-1 に示すような色塗りの部分の面積は

```
> pnorm(2,0,1)

[1] 0.9772499
```

と求めることができる。正規分布以外にもさまざまな関数がある。主な確率に関する関数を表 5-2 に示す。用途に応じて関数名の前に d、p、q、r をつけて用いる。接頭辞の意味は正規分布における意味と同じである。

表 5-2　代表的な確率分布の関数

| 関数名 | 分布名 | パラメータ |
|---|---|---|
| `binom` | 二項分布（離散） | size,prob |
| `geom` | 幾何分布（離散） | prob |
| `pois` | ポアソン分布（離散） | lambda |
| `unif` | 一様分布（連続） | min,max |
| `exp` | 指数分布（連続） | rate |
| `gamma` | ガンマ分布（連続） | shape,rate |
| `chisq` | カイ 2 乗分布（連続） | df |
| `t` | t 分布（連続） | df |
| `f` | f 分布　（連続） | df1, df2 |

## 4.　標本分布

同じ母集団から 複数のデータ（$N$ 個のデータ）を取り出すことを考えよう。個々のデータはどれも独立で同じ確率分布に従うとする。その確率変数 $X_i$ について、$\mu = E[X_i]$ とし、$\sigma^2 = \mathrm{Var}[X_i]$　$(i = 1, 2, \cdots, N)$、分散が有限であるとする。このとき、この $N$ 個の確率変数から計算される $\sum_{i=1}^{N} X_i$ は $N(N\mu, N\sigma^2)$ に従うことが知られている。これを**中心極限定理** という。$N$ が大きければ

$$\bar{X} = \frac{1}{N}\sum_{i=1}^{N} X_i$$

は $N(\mu, \frac{\sigma^2}{N})$ に従う。$N$ が大きいということは分散が 0 に近づくので、実質 $\mu$ に収束することを意味する。そして、

$$Z = \frac{1}{\sqrt{N}\sigma}\sum_{i=1}^{N}(X_i - \mu)$$

は $N$ を大きくしていくと、標準正規分布 $N(0,1)$ に 収束する。そこで、多くの場合、母集団からランダムに抽出されたデータは正規分布に従うと仮定することが多い。

標本データから計算される平均や分散についての分布を**標本分布**という。

独立に同一の正規分布に従う $N$ 個の確率変数 $X_i \quad (i=1,2,\cdots,N)$ について考える。このとき、$N$ 個の 2 乗和 $\sum_1^N X_i^2$ は自由度 $N$ のカイ 2 乗分布に従う。カイ 2 乗分布とは

$$P(X=x)=f(x,k)=\frac{1}{2^{k/2}\Gamma(k/2)}x^{\frac{k}{2}-1}e^{\frac{x}{2}} \tag{5.30}$$

というガンマ関数で表される。この期待値と分散は

$$E[X]=k \tag{5.31}$$

$$V[X]=2k \tag{5.32}$$

である。$X_i$ から

$$\hat{\sigma_X^2}=\frac{1}{N-1}\sum_{i=1}^{N}(X_i-\bar{X})^2 \tag{5.33}$$

を分散 $\sigma$ の推定値とすると

$$\chi^2=\frac{(N-1)\hat{\sigma_X^2}}{\sigma^2} \tag{5.34}$$

は自由度 $N-1$ のカイ 2 乗分布に従う。そこから信頼区間などを計算することができる。また、$Z$ が正規分布 $N(0,1)$、W が自由度 $m$ のカイ 2 乗分布に従うとすると

$$T=\frac{Z}{\sqrt{W/m}}$$

は t 分布に従う。t 分布は

$$f(t) = \frac{\Gamma(\frac{m}{2})}{\sqrt{(m-1)\pi}\Gamma(\frac{m}{2})}\left(1 + \frac{t^2}{m-1}\right)^{\frac{m}{2}} \tag{5.35}$$

とかけ、期待値と分散は $m > 3$ のとき

$$E[T] = 0 \tag{5.36}$$

$$V[T] = \frac{m}{m-2} \tag{5.37}$$

となる。そこで、$Z = \frac{\sqrt{N}(\bar{X}-\mu)}{\sigma}$、$W$ を $\chi^2$、$m = N-1$ として、最終的に求まる

$$T = \frac{\sqrt{N}(\bar{X}-\mu)}{\hat{\sigma_X}}$$

は自由度 $N-1$ の t 分布に従う。t 分布は、母分散が未知の正規分布に従う場合の母平均の検定などに用いられる。正規分布に比べると少し幅が広く、$N$ が大きくなると正規分布に近い形になっていく。対応のある 2 つの母集団における平均の検定など（t 検定）に用いられる。

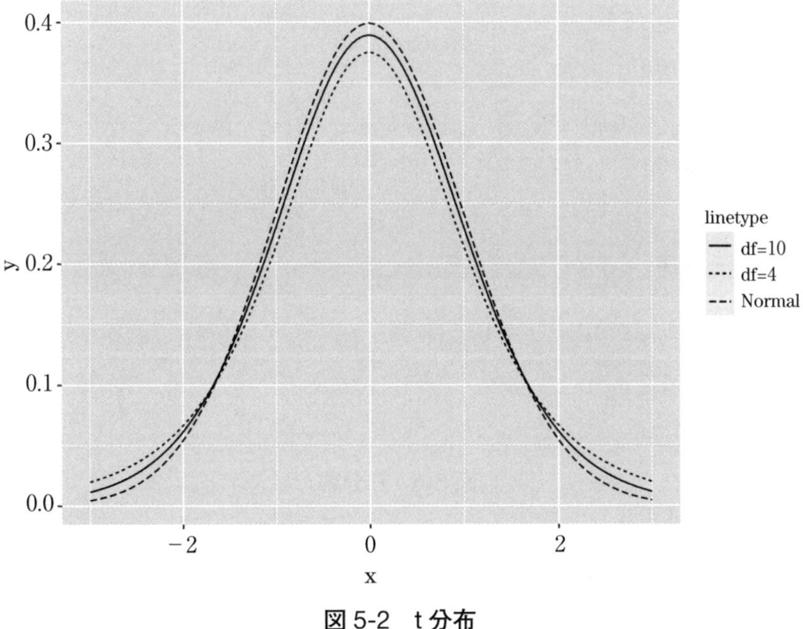


図 5-2　t 分布

最後に、自由度 $M$、$N$ の 2 つのカイ 2 乗分布から取り出した データ $U_M$、$V_N$ から作られる 2 つの値 $U_M/M$ と $V_N/N$ の比は 自由度 $M$、$N$ の F 分布に従う。どちらが分母であるかによって F 値は異なるも。グラフでも `df1`、`df2` を入れ替えるとグラフの形も異なる。

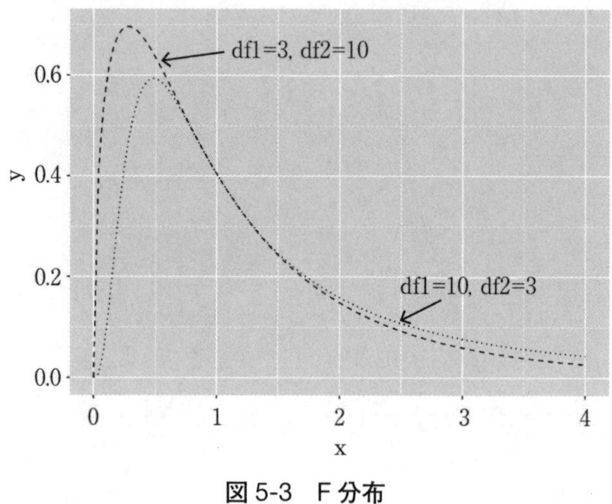


図 5-3　F 分布

それぞれ異なる正規分布 $N(\mu_1, \sigma_1)$、$N(\mu_2, \sigma_2)$ に従う 2 つの母集団から、それぞれ $M$ 個、$N$ 個のデータ $\mathrm{X}_i (i = 1, 2, \cdots, M)$、$\mathrm{Y}_j (j = 1, 2, \cdots, N)$ を取り出したとき、

$$\bar{\mathrm{X}} = \frac{1}{M} \sum_{i=1}^{M} \mathrm{X}_i \tag{5.38}$$

$$\bar{\mathrm{Y}} = \frac{1}{N} \sum_{i=1}^{N} \mathrm{Y}_j \tag{5.39}$$

として、

$$\hat{\sigma_X}^2 = \frac{1}{M-1} \sum_{i=1}^{M} (X_i - \bar{X})^2 \tag{5.40}$$

$$. \hat{\sigma_Y}^2 = \frac{1}{N-1} \sum_{j=1}^{N} (Y_j - \bar{Y})^2 \tag{5.41}$$

を求めると、$\hat{\sigma_X}^2$、$\hat{\sigma_Y}^2$ はそれぞれ自由度 $M-1$、$N-1$ のカイ 2 乗分布に従う。そして、

$$F = \frac{\frac{\hat{\sigma_X^2}}{\sigma_1^2}}{\frac{\hat{\sigma_Y^2}}{\sigma_2^2}} \tag{5.42}$$

$$= \frac{\hat{\sigma_X^2}\sigma_2^2}{\hat{\sigma_Y^2}\sigma_1^2} \tag{5.43}$$

は自由度 $M-1$、$N-1$ の F 分布に従う。2 群のデータの平均が等しいかどうかという 場合などの F 検定で用いられる。これを R でシミュレーションしてみよう。分散の異なる正規分布から、それぞれ、$M$ 個、$N$ 個の乱数を発生させて、F 値を計算する。これを trial 回繰り返し 行いヒストグラムを書いてみる。先ほどの説明によればこれは F 分布に従う。geom_histogram において y=after_stat(density) とすると度数ではなく、割合に変換して表示してくれる。

```
> library(tibble)
> trial <- 2000
> sigma1 <- 2
> sigma2 <- 3
> M <- 53
> N <- 67
> a <- vector("numeric",length=M)
> for(i in 1:trial){
+   x <- rnorm(M,0,sigma1)
+   y<- rnorm(N,0,sigma2)
+   S_1 <- sum((x-mean(x))^2)/(M-1)
+   S_2 <- sum((y-mean(y))^2)/(N-1)
+   a[i] <-  (S_1 / sigma1^2) / (S_2 /sigma2^2)
```

```
+   }
+   df1 <-tibble(x=a)
+   ggplot(data=df1,aes(x=x))+
+     geom_histogram(aes(y=after_stat(density) ),bins=50 )+
+     geom_function(data=data.frame(x=c(0,2) ),aes(x=x),
+                   fun =df,args=c(df1=M-1,df2=N-1),
+                   color="red")
```

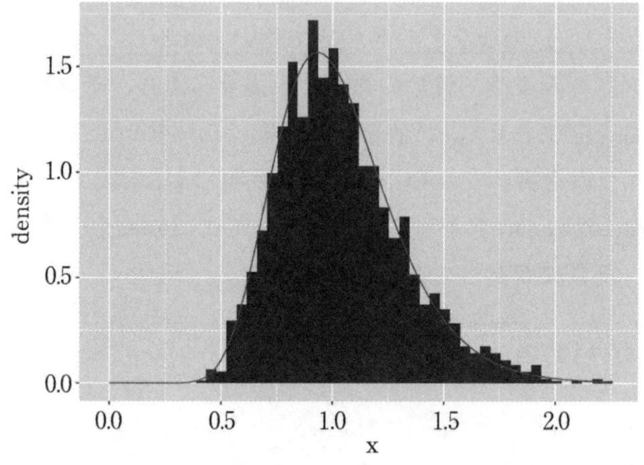


図 5-4　F 分布のシミュレーション

F 分布の理論値とよくうまく重なっていることがわかる。R ではデータフレームがよく使われ、変数として df を使うことが多いが、もし使っていると、関数を描画するときに fun=df がうまく描画されないので注意する。

## 5. 乱数

R では乱数を発生させる関数があるが、コンピュータはサイコロを振るわけではなく、最初に乱数の種 (seed) の値を定め、そこからある手順 (この計算の手順を**アルゴリズム**という) に従い計算して値を求めている。こうした乱数の持つ性質については古くから研究がされている。したがって、自分で実装するよりは、あらかじめ用意された関数を使うのがよい。これから説明する手法の中には、乱数を用いることがある。毎回結果が異なるのではなく、同じ結果を再現したいということもある。乱数は元となる種の値をもとに計算されるため、同じ種から発生させた乱数は同じ値となる。種の値を定めるには、`set.seed()` とする。`runif(N,min,max)` とすると 区間 $[\min, \max]$ の間の一様乱数を $N$ 個出力する。結果を見てみよう。

```
> runif(1,0,1)

[1] 0.426067

> runif(1,0,1)

[1] 0.5536685
> set.seed(0)
> runif(1,0,1)

[1] 0.8966972

> set.seed(0)
> runif(1,0,1)
```

```
[1] 0.8966972
```

このように同じ値となっていることがわかる。

## 6. ファクター

R で扱うデータの型として文字列や数値型、真理値などの論理値の他に**ファクター** (factor) という型がある。次のような例を考えてみよう。

```
> size1 <- c("S","M","L","M","XL","S","L")
> size1

[1] "S"  "M"  "L"  "M"  "XL" "S"  "L"

> str(size1)

 chr [1:7] "S" "M" "L" "M" "XL" "S" "L"
```

この 7 個の要素からなるベクトルは服のサイズのように 4 種類の値を持つ。今後扱うデータによっては、限られた種類の中の何かであるということがわかった方がよいこともある。このような場合には factor() という関数を使うと、**水準** (Level) と呼ばれる値を追加しデータをカテゴリーに分類する。

```
> size2  <- factor(size1)
> size2

[1] S  M  L  M  XL S  L
```

```
Levels: L M S XL
```

水準は内部では数値として扱われる。この例ではアルファベット順となっており、服のサイズの順にはなっていない。自分では明示的に指定するには levels とする。

```
> size3 <- factor(size1,levels=c("S","M","L","XL"))
> str(size3)

 Factor w/ 4 levels "S","M","L","XL": 1 2 3 2 4 1 3
```

ファクター型のオブジェクトに対して、関数 table() を用いると水準ごとに集計した1次元の表が得られる。データの要約結果を示す summary() という関数を用いても同様の結果が得られる。年齢や試験の点数のような数値データを、ある階級に分けたいという場合もある。カテゴリー分けをする場合には cut() という関数がある。階級を $n$ 個に分けるには（$x_0 \sim x_1$、$x_1 \sim x_2$、$\cdots$、$x_{n-1} \sim x_n$）と $n+1$ 個の値が必要で、これを breaks=c() の中に順に指定する。また、$a$ から $b$ までの区間で区切る場合には $a < x \leqq b$ 、$a \leqq x < b$ の場合が考えられる。cut は何も指定しない場合には前者に相当する right=T が既定値となる。変更するには right=F とする。また、前者の例で、もし $x = a$ の場合にはどの区間にも入らないことになってしまう。そこで、次の例では前者の場合には一番小さい値よりも 1 小さいものから始め、後者の場合には最大値より 1 大きい値を指定している。3 番目の人が上と下で違うラベルの階級に分けられている。

```
> age1 <- c(10,26,30,48,60)
> m1 <- min(age1)
> m2 <- max(age1)
> cut(age1,breaks=c(m1-1, 30, m2),
+      label=c("N","Y"))

[1] N N N Y Y
Levels: N Y

> cut(age1,breaks=c(m1, 30,m2+1),
+      right=F, label=c("N","Y") )

[1] N N Y Y Y
Levels: N Y
```

## 7. まとめと展望

他の確率分布と関連づけながら 代表的な確率分布について説明した。中には複雑な形をしているものもあるが、その特性については古くから多くの研究がされているのでその結果を利用すればよい。正規分布の標本の分布は統計的仮説検定でよく用いられる。R を利用すると、多くの乱数を生成することもできる。例えば、ある分布からヒストグラムを計算し、実際の理論グラフと比較するといったことができ、確率分布についてのイメージを深めることができる。検定などを含めた統計のテキストとしては参考文献の [1] がコンパクトにまとまっている。

## 参考文献

[1] 日本統計学会,“統計学基礎：日本統計学会公式認定統計検定 2 級対応”, “東京図書”,2021

[2] 平岡和幸, 堀玄,“プログラミングのための確率統計”, オーム社,2009

[3] 林賢一, 下平英寿,R で学ぶ統計的データ解析, 講談社,2020

## 演習

ポアソン分布の平均と分散が λ であった。

```
> set.seed(0)
> N <- 100
> lambda <- 3
> x <-  rpois(N,lambda)
> mean(x)

[1] 3.07


> var(x)

[1] 2.18697
```

として確認できる。N を変えて試してみよう。N を大きくすると lambda に近づくことが確認できる。また、これを trial 回数だけ和を計算してヒストグラムを書いてみるとそれぞれの広がり方を確認できる。

```
> set.seed(0)
> N <- 40
> lambda <- 3
> trial <- 300
> a <- vector("numeric",length=trial)
> b <- vector("numeric",length=trial)
> c <- vector("numeric",length=trial)
> for(i in 1:trial){
+   a[i] <-  sum( rpois(N,lambda) - lambda)
+   b[i] <-  a[i]/sqrt(N)
+   c[i] <-  a[i]/N
+}
> ggplot()+geom_histogram(aes(x=a),bins=30)
```

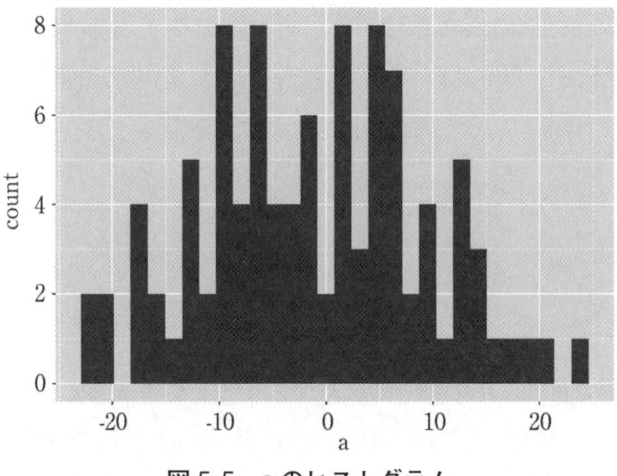


図 5-5　a のヒストグラム

```
> ggplot()+ geom_histogram(aes(x=b),bins=30)
```

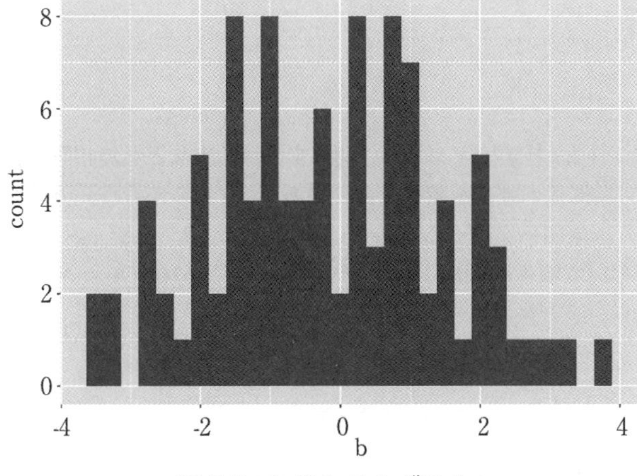


図 5-6　b のヒストグラム

```
> ggplot()+ geom_histogram(aes(x=c),bins=30)
```

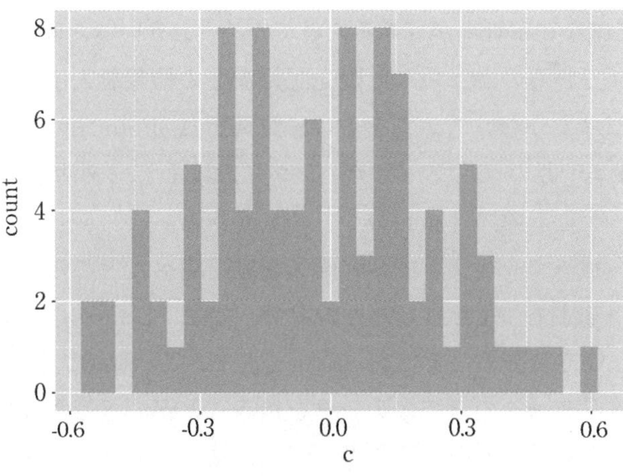


図 5-7　c のヒストグラム

# 6 アソシエーション分析

**《目標＆ポイント》**2種類のデータ間の関係を調べる方法として相関係数や共分散があるがこれらは関係の強さを調べるものであり、どちらがもう一方に影響を与えているかという因果関係を調べるものではない。この章ではデータから「$A$ならば$B$である」という関係を抽出する**アソシエーション分析** (Association Analysis) について扱う。

**《キーワード》** 支持度、信頼度、期待信頼度、リフト値

## 1. POSシステム

近年、店舗で商品を販売する際には商品の情報をあらかじめコンピュータに登録し、売り上げや在庫の情報を管理できるようになった。これによって、正確な在庫管理ができるだけでなく、どういった商品がどういった時に売れているのかといった販売記録などの情報を入手できるようになった。このようなシステムを**POSシステム** (Point of Sales System、ポスシステム) という。マーケティングにおけるデータ活用の話として、スーパマーケットでの「紙おむつ」の話がある。

あるスーパーマーケットで客の購入履歴を調べたところ、週末の夕方になると、「紙おむつ」を買った人の中で、同時に「ビール」を買っている人が多いという特徴のことであった。そして、この話は、POSシステムによって購買データの全てのデータを扱うことができるようになり、大量の種類の商品の組み合わせを調べてみた結果、興味深いルールを拾い出すことができたということである。この点で、限られたサンプルを用

いた標本調査とは違う特徴がある。

## 2.　アソシエーションルール

先ほどの例において、「紙おむつを買う」、「ビールを買う」といった事象について考える。「紙おむつを買う」という事象を $A$ 、「ビールを買う」という事象を $B$ として、「紙おむつを買う人はビールも買う」ということを $A \Rightarrow B$ ($A$ ならば $B$) と書く。例えば、「ビールを買う人は紙おむつも同時に買う」ということを表したいのであれば、$B \Rightarrow A$ と書く。このような条件文のことを**アソシエーションルール** (association rule **連関規則**) という。**アソシエーション分析**とは、起こりうるさまざまなルールの中から有用なルールを抽出する手法のことをいう。

アソシエーション分析は、買い物かごの分析ということで**バスケット分析** ともいう。ここで条件式について考えるために、別の例として、「横浜市民である」という事象 ( $A$ ) と「神奈川県民である」という事象 ( $B$ ) について考えてみよう。この場合、横浜市民であれば、神奈川県民であるからルール $A \Rightarrow B$ は成り立っている。しかし、神奈川県民であっても、川崎市や相模原市に住んでいるかもしれないので、必ずしも $B \Rightarrow A$ が成り立つとは限らない。「紙おむつ」の例でいうと、「ビールを買った人が紙おむつを買うことが多い」ということと「紙おむつを買った人がビールを買うことが多い」ということとは意味が違う。

このように、矢印の向きは大きな意味を持っている。そこで、このルール $A \Rightarrow B$ において、$A$ を**条件部** (rule head **ルールヘッド**) といい、$B$ を**結論部** (rule body **ルールボディ**) という。こうしたルールを抽出するために、いくつかの量を定義しよう。さまざまな購買記録などにおいて、$A$ が起こった回数を全てカウントし、この回数を $n(A)$ と書く。同様に $B$ という事象が起こった回数を $n(B)$ とする。そして、全ての事象 $\Omega$ の

回数を $n(\Omega)$ としよう。そして、$A$ と $B$ が同時に起こる事象回数、先ほどの例でいえば、「紙おむつとビールを両方買う」事象の起きた回数を $n(A,B)$ と書く。アソシエーション分析ではこの値をもとに次の 4 つの値をそれぞれ計算する。このように判断基準として用いる値を**指標**という。

1. **期待信頼度** (expected confidence)： B が起こる確率
$$p(B) = \frac{n(B)}{n(\Omega)} \tag{6.1}$$
2. **支持度** (support)： A と B が共に起こる確率
$$p(A,B) = \frac{n(A,B)}{n(\Omega)} \tag{6.2}$$
3. **信頼度** (confidence)： A が起こった前提で、B が起こる確率
$$p(B|A) = \frac{n(A,B)}{n(A)} \tag{6.3}$$
$$= \frac{p(A,B)}{p(A)} \tag{6.4}$$
4. **リフト値** (lift)： 信頼度を B が起こる確率で割ったもの。
$$\frac{p(B|A)}{p(B)} = \frac{p(A,B)}{p(A)p(B)} \tag{6.5}$$

今、$A \Rightarrow B$ という条件について考える。さらに、複数の商品を購入する場合について考えてみよう。例えば、$A$ を { 紙おむつ、ポテトチップス } を買った場合、$B$ を { ビール } を買った場合であるとする。このとき、$A$ と $B$ がともに起こるとは、{ 紙おむつ、ポテトチップス、ビール } を買っているという場合のことを意味する。では、複数のアイテムとして、$A$ として { 紙おむつ、ポテトチップス }、$B$ として { ビール、ポテ

トチップス }といったことを考えてみよう。この場合、$A$ と $B$ が同時に起こるというのは、「紙おむつとポテトチップス」を買っていて、なおかつ「ビールとポテトチップス」も買っているという場合である。これを図で書くと図 6-1 のように表すことができる。

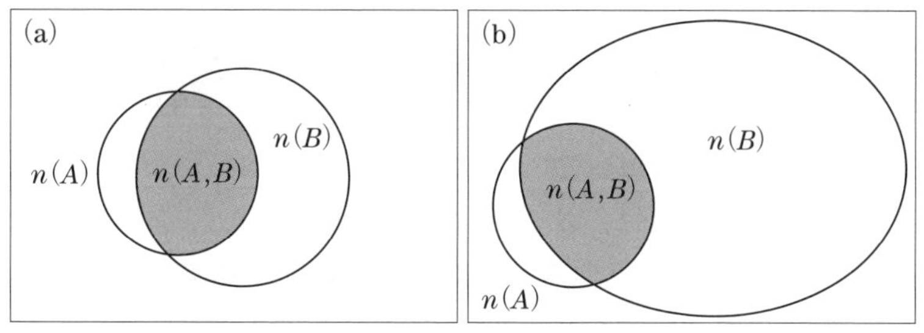


**図 6-1　ベン図**

図 6-1 において、次のような状況を考えてみよう。この図が (a) や (b) という店で $A${ ガム }、$B${ 飴 } を買う人の数を表しているとしよう。これについて、$A \Rightarrow B$ というケースについて考えてみよう。

**表 6-1　ガムと飴を買った人数**

| | (a) | | (b) |
|---|---|---|---|
| $n(\Omega)$ | 100 | $n(\Omega)$ | 100 |
| $n(A)$ | 25 | $n(A)$ | 25 |
| $n(B)$ | 40 | $n(B)$ | 80 |
| $n(A,B)$ | 20 | $n(A,B)$ | 20 |

このとき、それぞれの値を計算すると、

**(a)** のとき

$$\text{支持度} = \frac{20}{100} = 0.2, \quad \text{期待信頼度} = \frac{40}{100} = 0.4$$
$$\text{信頼度} = \frac{20}{25} = 0.8, \quad \text{リフト値} = \frac{0.8}{0.4} = 2$$

**(b)** のとき

$$\text{支持度} = \frac{20}{100} = 0.2, \quad \text{期待信頼度} = \frac{80}{100} = 0.8$$
$$\text{信頼度} = \frac{20}{25} = 0.8, \quad \text{リフト値} = \frac{0.8}{0.8} = 1$$

このように、どちらのケースも信頼度はかなり高い値になっており、ガムを買った人は同時に飴も買う確率が高い。しかし、(b) のケースではもともと飴を買う確率が高く、結果的にガムを買った人がついでに飴を買っていると考えることができる。一方、(a) のケースではガムを買った人が飴を買う確率 (0.8) は、ただ飴を買う確率 (0.4) よりも大きい。すなわち、ガムを買った人は特に飴を買うという傾向があるということがわかる。

リフト値についてもう 1 つの例を考えてみよう。宝くじが当たると評判の売り場があるとしよう。その評判が本当かどうかを確認したいとする。ここで、$A$ がその評判の売り場で宝くじを買うという事象、$B$ は宝くじが当たる事象であるとしよう。今、知りたいのはその店が特によく当たるのかどうかということである。このとき、$p(B)$ はどの店でもよいので宝くじが当たる確率で、$p(B|A)$ はその売り場で宝くじが当たる確率である。したがって、リフト値が 1 より高いということは、その売り場で買う方が通常の当たる確率よりも高いと考えることができる。

後に述べる例のように、店で扱う商品の数が増えると購入される商品の組み合わせも多様になり、信頼度の値自体は小さくなる。したがって、支持度や信頼度の値がいくつだから意味があると判断できないことがある。その場合にはリフト値が 1 より大きいということが 1 つの基準になる。

## 3. R によるシミュレーション

ではこれを R にて計算してみよう。シミュレーションには、arules というパッケージの中にある apriori という関数を用いる。これは**アグラワル** (**R. Agrawal**) ら（参考文献の [1]）によって提案された**アプリオリ**というアルゴリズムに基づいた関数である。

先ほどは「$A$ ならば $B$ である」というルールに関して、どのような指標を調べるのかということについて説明した。このように、1 つ 1 つの指標の計算自体は単純であった。しかし、アソシエーション分析では、あらかじめ調べたいルールが分かっているというわけではない。多くのアイテムの組み合わせについて調べてみて、その中から意味のあるルールを抽出しようとするのである。そのため調べる組み合わせの数は非常に多くなってしまう。

例えば飲み物のみを扱っている店を考えてみよう。このとき、調べた結果、「コーヒー」と「紅茶」の両方を買っている人が同時に「烏龍茶」を買っている、というように複数のアイテムの組み合わせからなるルールに意味があるということが起こるかもしれない。このように、まずは調べる段階では複数の商品からなる組み合わせも全て考慮に入れて調べる必要があるだろう。そこで、アプリオリではまず支持度に着目し、この値が基準よりも小さいものを無視することで調べる集合の組み合わせを減らそうという工夫を行う。

例えば、「$A$ ならば $B$ である」というルールについて考えてみよう。このとき、支持度というのは $A$ と $B$ が同時に起こる確率のことを意味していた。したがって、支持度が小さいということは、「$A$ ならば $B$ である」という状況が起こることはとても少ないということを意味している。このように支持度が小さいということはあまり起きない事柄であり、ルールとして意味があったとしても、影響があまりないルールであると考えることができる。また、「コーヒー」を買っている人が「紅茶」を買うかどうかということを考えてみよう。このとき、支持度が小さいということは、「コーヒー」と「紅茶」を同時に買うということが非常に少ないということである。そうであれば、「コーヒー」と「紅茶」と、さらに「烏龍茶」という3つの商品を同時に購入するケースはさらに起こりにくいと考えることができる。その結果、「コーヒー」と「紅茶」を含む3つ以上の商品の組み合わせについては無視することができる。

このように、最初に支持度の最小値を設定し、それよりも割合の小さな組み合わせの集合を無視することにすれば、あるアイテムの組み合わせが無視できるとき、その組み合わせにさらに他のアイテムを組み合わせた集合も無視できるとことになり、結果的に計算の手順を減らすことができる。

このように、アプリオリは、よく起こるアイテムの組み合わせをすべて調べるために、最小の支持度を設定し、まずその値よりも小さい、めったに起きない組み合わせのみ除外して考える。そのもとで次にある値以上の信頼度について、意味のあるルールを探すということをする。

では、実際に使ってみよう。初めて使う場合には、arules というパッケージをインストールする必要がある。インストールされていたら、パッケージを使うために読み出す。すると次のように表示される。

```
> library(arules)


 要求されたパッケージ Matrix をロード中です
```

```
次のパッケージを付け加えます: 'arules'

以下のオブジェクトは 'package:base' からマスクされています:

    abbreviate, write
```

今回は主に、inspect()、apriori()、itemFrequency()、sort() といった関数を使う。また、データとしては、arules のパッケージに付随したデータである Groceries を使うことにする（参考文献の [2]）。以降 Groceries は長いので g0 とする。

```
> data(Groceries)
> g0 <- Groceries
> g0

transactions in sparse format with
 9835 transactions (rows) and
 169 items (columns)
```

データは各行がその時の購入品の集合になっているこれを見ると 169 種類の商品で、9835 回の取引（**トランザクション**：transaction) を表す。R では as という型を変形する関数がある。最初の数行を見ると

```
> g0 %>% head() %>% as("data.frame")

                                                         items
1    {citrus fruit,semi-finished bread,margarine,ready soups}
2                               {tropical fruit,yogurt,coffee}
```

```
3                                                      {whole milk}
4                   {pip fruit,yogurt,cream cheese ,meat spreads}
5 {other vegetables,whole milk,condensed milk,long life
    bakery product}
6               {whole milk,butter,yogurt,rice,abrasive cleaner}
```

全てのアイテムを列に並べた行列形式にすると、各回の取引で購入する商品の数はそれほど多くないので、行列はほとんどの成分が 0 の行列である。このような行列を**疎** (または**スパース**、sparse) であるという。

```
> g0 %>% head() %>% as("matrix")
```

CSV の形式にして書き出す関数として arvles に `write()` という関数がある。

```
> g0 %>% write("g0.csv",sep=",")
```

この取引データからルールを抽出するには `apriori()` という関数を実行する。

```
> grules <- apriori(g0)

Apriori

Parameter specification:
 confidence minval smax arem  aval originalSupport maxtime
        0.8    0.1    1 none FALSE            TRUE       5
 support minlen maxlen target   ext
     0.1      1     10  rules TRUE
```

```

Algorithmic control:
 filter tree heap memopt load sort verbose
    0.1 TRUE TRUE   FALSE TRUE    2    TRUE

Absolute minimum support count: 983

set item appearances ...[0 item(s)] done [0.00s].
set transactions ...[169 item(s), 9835 transaction(s)] done
    [0.00s].
sorting and recoding items ... [8 item(s)] done [0.00s].
creating transaction tree ... done [0.00s].
checking subsets of size 1 2 done [0.00s].
writing ... [0 rule(s)] done [0.00s].
creating S4 object  ... done [0.00s].
```

すると、ルールを求める計算が行われる。この結果を見ると、writing... で 0 rules となっている。関数 apriori() はオプションで多くのパラメータを設定することができる。何も指定しない場合省略時の既定値で計算する。信頼値 (confidence) が 0.8 以上、支持度 (support) 0.1 以上のものを調べることになっている。支持度が 0.1 以上ということは、10 回に 1 回以上購入されることがあるということを意味する。また、信頼値が 0.8 とは、ある商品を買ったときに、10 回に 8 回以上はセットで購入される品ということである。今回はそうした条件で調べたところ、ルールが見つからなかったという結果になった。

こうした値を適切に設定するには、データの特徴を把握する必要があるが、まずは、apriori の使い方を知るために、最低支持度や最低信頼度の値を変えてシミュレーションしてみよう。支持度や信頼度の値を 指定するためには、parameter=list() として値を設定する、とする。parameter は p=list() と省略して書くこともできる。

```
> grules2 <- apriori(g0,p=list(support=0.01,confidence=0.5))

Apriori

Parameter specification:
 confidence minval smax arem  aval originalSupport maxtime
        0.5    0.1    1 none FALSE            TRUE       5
 support minlen maxlen target   ext
    0.01      1     10  rules TRUE

Algorithmic control:
 filter tree heap memopt load sort verbose
    0.1 TRUE TRUE  FALSE TRUE    2    TRUE

Absolute minimum support count: 98

set item appearances ...[0 item(s)] done [0.00s].
set transactions ...[169 item(s), 9835 transaction(s)] done
    [0.00s].
sorting and recoding items ... [88 item(s)] done [0.00s].
creating transaction tree ... done [0.00s].
checking subsets of size 1 2 3 4 done [0.00s].
writing ... [15 rule(s)] done [0.00s].
creating S4 object  ... done [0.00s].
```

parameter specification:の部分には confidence と support の値

がそれぞれ指定した値になっていることを確認しよう。writing ... を見ると port 値が 15 個のルールがあったことを意味している。抽出されたルールを実際にみるためには、inspect() というコマンドを用いる。生成されたルールが多くある場合には、inspect() で全てのルールを表示すると見づらいので、先頭からの数行を表示する head() という関数と、並び替えを行う sort() という関数を組み合わせて利用する。

ここで、sort() という関数には、R の基本セットに含まれる関数と arules というパッケージで追加された 2 種類の関数があり、どちらも同じ名前をしている。引数がトランザクションデータやアイテム集合の場合には、R の方で自動的に判断して、arules というライブラリに含まれている方の sort という関数が用いられる。arules に含まれる sort() 関数は、by="" として指定した項目によって並べ替えを行う。

例えば、信頼度 (confidence) によって並び替えるのであれば、by="confidence"と指示する。

```
> grules3 <- sort(grules2,by="confidence")
> inspect( head(grules3) )

    lhs                                   rhs
[1] {citrus fruit, root vegetables}    => {other vegetables}
[2] {tropical fruit, root vegetables} => {other vegetables}
[3] {curd, yogurt}                     => {whole milk}
[4] {other vegetables, butter}         => {whole milk}
[5] {tropical fruit, root vegetables} => {whole milk}
[6] {root vegetables, yogurt}          => {whole milk}
    support    confidence coverage   lift     count
[1] 0.01037112 0.5862069  0.01769192 3.029608 102
[2] 0.01230300 0.5845411  0.02104728 3.020999 121
```

```
[3] 0.01006609 0.5823529  0.01728521 2.279125  99
[4] 0.01148958 0.5736041  0.02003050 2.244885 113
[5] 0.01199797 0.5700483  0.02104728 2.230969 118
[6] 0.01453991 0.5629921  0.02582613 2.203354 143
```

これを見ると、circuit fruit と root vegetables の両方を買った人は同時に other vegetables を買っている割合が高いということがわかる。リフト値が 3.0296 なので、通常よりも高い確率で other vegetables を買うということが言える。

アソシエーション分析の手順について説明した。ルールを見つけるためには、適切なパラメータの値を指定しなければいけない。元のデータについて情報を得る方法について考えよう。アイテムの購入頻度を見るには itemFrequency() を用いる。個々のアイテムの割合 $p(A)$ が表示される。

```
> itemFrequency(g0,type="absolute") %>% head()

      frankfurter             sausage         liver loaf          ham
              580                 924                 50          256
meat finished products
              254                  64
```

並べ替えるには sort を用いる。値の大きいアイテムから順に並べたい場合には、decreasing=TRUE（または d=T）とする。または、小さい順に並べた上で、head() ではなく tail() として最後の数行を見ればよい。

```
> itemFrequency(g0) %>% sort(decreasing=T) %>% head()
```

```
     whole milk other vegetables     rolls/buns           soda
      0.2555160          0.1934926      0.1839349      0.1743772
         yogurt      bottled water
      0.1395018          0.1105236
```

また、ルールを抽出する場合、前提部 (lhs) や 結論部 (rhs) に来るアイテムを指定したい という場合もあるだろう。特定のアイテムを含んだルールだけを抽出したい場合には、appearance=list() で指定する。

```
> grules5 <- apriori(g0,parameter=list(
+    support=0.005, confidence=0.7),
+    appearance =list(
+      rhs="whole milk",
+      default="rhs"  ) )

Apriori

Parameter specification:
 confidence minval smax arem  aval originalSupport maxtime
        0.7    0.1    1 none FALSE            TRUE       5
 support minlen maxlen target  ext
   0.005      1     10  rules TRUE

Algorithmic control:
 filter tree heap memopt load sort verbose
    0.1 TRUE TRUE  FALSE TRUE    2    TRUE

Absolute minimum support count: 49
```

```
set item appearances ...[1 item(s)] done [0.00s].
set transactions ...[169 item(s), 9835 transaction(s)]
    done [0.00s].
sorting and recoding items ... [120 item(s)] done [0.00s].
creating transaction tree ... done [0.00s].
checking subsets of size 1 done [0.00s].
writing ... [0 rule(s)] done [0.00s].
creating S4 object  ... done [0.00s].
```

例えば、ルールの結論部 (rhs) に"whole milk"を含んだルールだけを抽出したいというときには、appearance=list(rhs="whole milk" default="lhs") と指定する。この default="lhs" は"whole milk"以外の品目が前提部や結論部のどちらか一方のみに含まれているルールのみを求めたいという場合に、品目が出現する場所を指定する。この場合には、それ以外の商品が左辺ということなので、右辺は"whole milk"のみということになる。

最後に、パラメータについてまとめておこう。apriori はトランザクション形式のデータを入力とし、信頼度や支持度の値を設定するときには、parameter=list() の中で指定した。このほかに、買い物のアイテムが増えてしまってルールがよくわからないという場合には、maxlen=3 という形で指定する。maxlen とは前提部 (lhs) と結論部 (rhs) に出てくる両方のアイテムを合計したものである。

また、特定の商品を含むものを考えるという場合には、appearance=list() の中で指定する。ルールが抽出できた場合には、inspect() でルールを表示する。ルールが多かった場合には、head() や tail() で最初の行か最後の行を見る。その際、行を並び替えるために sort() という関数を利用する。

## 4. まとめと展望

今回は、アソシエーション分析について説明した。条件つき確率を計算することで、因果関係を抽出した。このときの指標として、リフト値や信頼度などの 4 つの指標を説明した。

実際に計算する場合には、あらかじめ気になるルールについてのみ調べるのではなく、多くのアイテムの組み合わせについて調べて、その中から意味のあるルールを抽出することになる。リフト値は野球でいうと通常の打率と得点圏の打率を比較するようなものである。チャンスに強い選手を探し出すというものである。でも、通常よりも得点圏打率が高い選手であってもそもそもの得点圏打率が高くないのであればあまり意味がない。アプリオリはそこをうまく工夫し、頻出のアイテム集合についてのルールを調べつくすことができるようにしている。

今回のこの計算のように何らかの判断基準を設定して計算すれば、ある結果を得ることができるが、しかし、出てきた結果が有用であるかどうか、を判断するのは人であって、結果が出たからといって何でも意味があるわけではない。

### 参考文献

[1] R. Agrawal,T.Imielinski and A.Swami, “Database mining: a performance perspective”, IEEE Transactions on Knowledge and Data Engineering, 5(6), pp914-925, 1993

[2] Michael Hahsler, Kurt Hornik, and Thomas Reutterer, “Implications of probabilistic data modeling for mining association rules”, pp598–605, In M. Spiliopoulou, R. Kruse, A. N{”u}rnberger, C. Borgelt,and W. Gaul, “From data and information analysis to knowledge engineering” , Springer-Verlag, 2006,

[3] 金明哲,“R によるデータサイエンス (第 2 版)”, 森北出版,2017

## 演習

Groceries は実際のある地域のショッピングセンターでの 1 か月の買い物データであったが、このほかにもある期間にダウンロードされた文献リストである Epub や職業や年齢などの 15 の変数からなる約 5 万人への調査結果である Adult や収入について 14 個の変数からなる Income がある。Income は参考文献の [2] でも取り上げられている例題データである。この本は英語であれば Web サイトから PDF をダウンロードできる。

```
> data(Epub)
> as(Epub,"data.frame") %>% head()

      items transactionID
10792                   {doc_154}  session_4795 2003
10793                   {doc_3d6}  session_4797 2003
10794                   {doc_16f}  session_479a 2003
10795 {doc_11d,doc_1a7,doc_f4}  session_47b7 2003
10796                    {doc_83}  session_47bb 2003
10797                   {doc_11d}  session_47c2 2003

TimeStamp
10792 2003-01-02 10:59:00
10793 2003-01-02 10:59:00
10794 2003-01-02 10:59:00
10795 2003-01-02 10:59:00
10797 2003-01-02 10:59:00
```

# 7 決定木

**《目標＆ポイント》**決定木とはルールを木の構造で表すものである。まず、データの持つ特徴を表現する方法がなぜ木という形になるのかについて説明し、続いてデータからこうした木構造を導く方法について説明する。

**《キーワード》**グラフ、木、分類木、回帰木、ジニ係数

## 1. 木構造とデータの分割

相手に0から9までの数のうち，どれか1つを決めてもらい，いくつか質問をしていきながらその数を当てるというゲームを考えてみよう。ヒントには「はい」か「いいえ」で答えてもらうことを考える。最初に「5以上ですか？」と聞く。すると「はい」という答えなら 候補が5から9までの半分に減る。「1以上ですか？」と聞いたら運よく「いいえ」と答えてもらえればよいが，「はい」という答えのときに候補がしぼれなくなってしまう。「5」の次の質問は「7以上ですか？」と聞く。こういって候補の中央の値以上かそれより小さいかというやり取りを繰り返していけば，多くとも4回の質問でどれかに辿りつくことになる。

ほかにも，住んでいる都道府県をあてる場合には、「首都圏かそうでないか？」「周りに海があるかどうか？」などの条件によって住んでいる県を分類していけば，いくつかの質問で相手の住む県を当てることができるかもしれない。

こうした例はデータの集合をある条件をもとに分割していったものである。この例のように、考えている範囲をどんどんと狭めていこう。こ

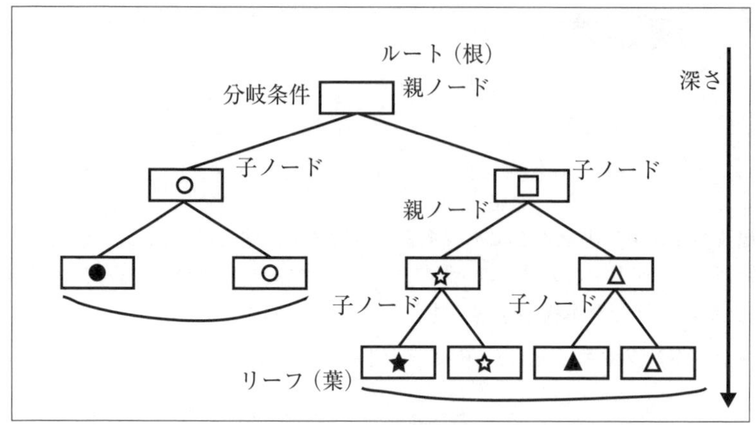


図 7-1　木構造

うした作業を図で表すと、図 7-1 のように書くことができるだろう。

図において、□で表された各点のことを**ノード** (node)、また線のことを**エッジ** (edge) または**枝**という。このように、ノードとエッジから作られる図形のことを**グラフ** (graph) という。グラフはさまざまなノードがどのようにつながっているのかというネットワークの特徴を示そうとするものであり、エッジの長さなどを変えることによって、同一のグラフであっても見た目が異なることがある。

また、このグラフの構造に着目すると、どのノードから出発しても、別の枝を通ってもとのノードに戻ってくるような環状の道は存在しない。このようなグラフのことを特に**木** (tree) という。

木構造の頂点にあるものを**根**といい、枝分かれのもとを**親**ノード、先を**子**ノードという。根のある木を特に根付き木という。根のノードが子ノードになることはないので、根ノードは親ノードを持たない。一方、親ノードから分岐していき末端にあるものには子ノードがない。このように親ノードになっていないノードのことを**葉** (leaf) という。そして、子ノードの要素が 1 つか 2 つしかない木のことを**二分木**という。

決定木の分析とは、データをもとにこのような木を作成することである。例として図 7-2 について考えてみよう。さまざまな特性を持つデータの集まりがあるとしよう。それをその特徴によって、図のように 3 本の線で分割した状況を考えてみよう。

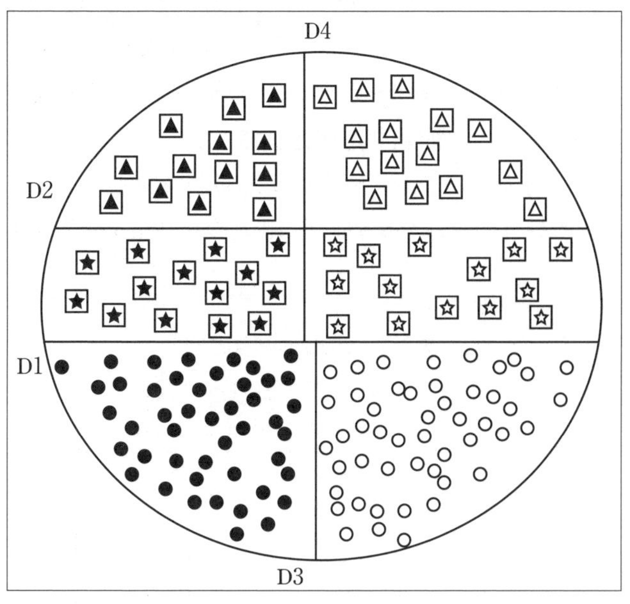


**図 7-2　データの分割 (1)**

図 7-2 の木構造は D1、D2、D3、D4 の順に分割したものである。他にも D3、D4 を合わせた条件で分割し、次に、D1、D2 の順で分割すれば、異なった構造を持つ木ができることになる。このような分割を人が判断する場合には、それぞれの分割について「四角 (□) に囲まれている図形かどうか」、「黒塗りかどうか」といった条件を考えることができる

が、機械的にこうした木を作成するためには、分岐の条件についても考えなければならない。今回はデータの各成分の値に従って分類することを考える。

## 2. 不純度とジニ係数

木構造を作るためには、何らかの基準でグループを分け、そのそれぞれに対し、またさらにグループに分けてという作業を繰り返す。では、どのようにしてグループに分けていけばよいだろうか。この問題を考えるために、次の例をもとに問題を定式化してみよう。

例として、放送大学のように幅広い年齢層が受講するような、ある科目を考え、その科目の試験を受験した 10 人の試験結果が表 7-1 のようになったとしよう。

表 7-1　成績データの例

| 学生番号 | 年齢 | 性別 | 点数 |
|---|---|---|---|
| 1 | 40 歳未満 | 男性 | 70 点以上 |
| 2 | 40 歳未満 | 女性 | 70 点以上 |
| 3 | 40 歳未満 | 男性 | 70 点以上 |
| 4 | 40 歳未満 | 男性 | 70 点以上 |
| 5 | 40 歳以上 | 男性 | 70 点以上 |
| 6 | 40 歳未満 | 男性 | 70 点未満 |
| 7 | 40 歳以上 | 女性 | 70 点未満 |
| 8 | 40 歳以上 | 女性 | 70 点未満 |
| 9 | 40 歳以上 | 男性 | 70 点未満 |
| 10 | 40 歳以上 | 女性 | 70 点未満 |

こうした変数のうち、分析対象にしたい変数についてはあらかじめ決められていることが多い。例えば先程の表 7-1 であれば、どういった人が 70 点以上なのかを調べたいと考えるだろう。このデータの変数は、それぞれ「ある値以上かどうか」といった具合に数種類 (今は 2 種類) のどれかの値しか取らないカテゴリー変数になっている。目的変数がカテゴリー変数であるような決定木のことを**分類木**、目的変数が連続変数であるような決定木を**回帰木**ともいう。

では、このデータを分割することを考えよう。ここでは、1984 年にブライマン (L.Breiman) らによって提案された CART という計算手順 (アルゴリズム) に基づいて説明を行う。今、70 点以上かどうかによって、データは 2 つのクラスに分かれる。そこで、「70 点以上になる」 という

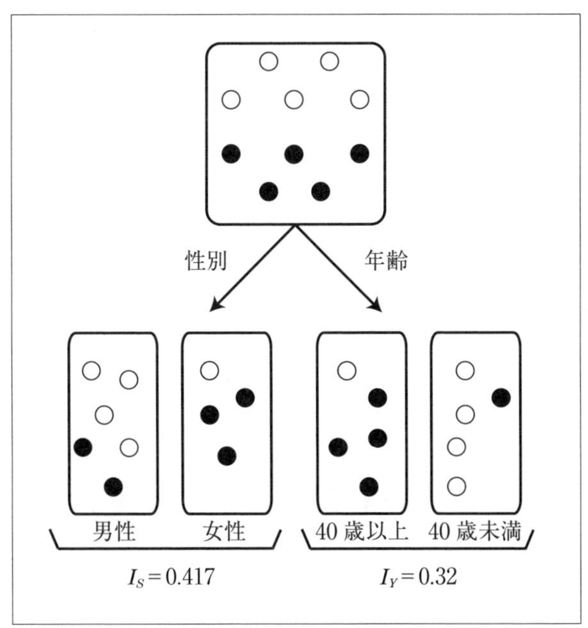


**図 7-3　データの分割 (2)**

ことを A というクラスに属すると考え、「70 点未満になる」ということを クラス B に属するとする。今、A に属する要素を ◯、B に属する要素を●であるとすると、表 7-1 は図 7-3 のように書くことができる。では、分割として望ましいのはどちらであろうか。

データを分割する場合には、どういう場合に 70 点以上で、どういう場合に 70 点未満なのかということを知りたいので、◯ と ● が混ざっている状態より、◯ と ● がうまく分離してくれるような条件で分類する方が望ましいと考えることができる。このように決定木ではデータの中の混ざり具合を表す**不純度**を求める。不順度について、**ジニ係数** (**Gini** 係数) という指標を考えよう。

ジニ係数はジニ (C. Gini) が 1936 年に考案した指数で、データからランダムに 2 つの要素を抜き出したときに、その 2 つのデータがそれぞれ別のクラスに属する確率である。ここで、クラス $A$ に属する確率を $p_A$、クラス $B$ に属する確率を $p_B(= 1 - p_A)$ とすると、ジニ係数 $I$ は、

$$I = 1 - p_A^2 - p_B^2 = 1 - p_A^2 - (1 - p_A)^2 = 2p_A(1 - p_A) \qquad (7.1)$$

と表すことができる。

1 つのデータを取り出し、もとに戻してからもう 1 度取り出したときに、どちらも $A$ の属する確率は $p_A^2$、ともに $B$ である確率は $p_B^2$ であるから、全体からこれらの場合を取り除いた値は、取り出したデータがそれぞれ別のクラスである 確率を表す。一般にクラスが $n$ 個ある場合には、

$$I = 1 - p_1^2 - p_2^2 - \cdots - p_n^2 = 1 - \sum_{i=1}^{n} p_i^2 \qquad (7.2)$$

と計算できる。図 7-3 をもとに計算してみよう。まず、分割する前のジ

ニ係数 $I_P$ は、

$$
\begin{aligned}
I_P &= 1 - \left( \left( \frac{5}{10} \right)^2 + \left( \frac{5}{10} \right)^2 \right) \\
&= 1 - \frac{1}{2} = 0.5
\end{aligned} \tag{7.3}
$$

である。性別で分類した場合と年齢で分類した場合のジニ係数をそれぞれ、$I_S$、$I_Y$ とすると、

$$
\begin{aligned}
I_S(\text{男性}) &= 1 - \left( \left( \frac{4}{6} \right)^2 + \left( \frac{2}{6} \right)^2 \right) = \frac{4}{9} = 0.4444\cdots \\
I_S(\text{女性}) &= 1 - \left( \left( \frac{1}{4} \right)^2 + \left( \frac{3}{4} \right)^2 \right) = \frac{3}{8} = 0.375
\end{aligned}
$$

である。このジニ係数をそれぞれの個数の割合を掛けることで平均のジニ係数を求めると

$$
I_S = \frac{6}{10} \times \frac{4}{9} + \frac{4}{10} \times \frac{3}{8} = \frac{5}{12} = 0.4166\cdots
$$

となる。一方、

$$
\begin{aligned}
I_Y(40\,\text{歳以上}) &= 1 - \left( \left( \frac{1}{5} \right)^2 + \left( \frac{4}{5} \right)^2 \right) = \frac{8}{25} = 0.32 \\
I_Y(40\,\text{歳未満}) &= 1 - \left( \left( \frac{4}{5} \right)^2 + \left( \frac{1}{5} \right)^2 \right) = \frac{8}{25} = 0.32
\end{aligned} \tag{7.4}
$$

なので、平均ジニ係数を求めると、

$$
I_Y = \frac{5}{10} \times \frac{8}{25} + \frac{5}{10} \times \frac{8}{25} = \frac{8}{25} = 0.32
$$

となる。見比べてみると、不純度が高いほどジニ係数としては大きくなり、逆に不純度が低いほどジニ係数が小さくなっていることがわかる。

分割する前と比較すると、

$$\Delta I_{PS} = I_P - I_S = 0.5 - 0.417 = 0.083$$
$$\Delta I_{PY} = I_P - I_Y = 0.5 - 0.32 = 0.18$$

となって、どちらも分割する前よりはデータの不純度は減っているが、今回は年齢で分割する方が、性別で分割するよりも不純度が小さくなっている。このように、決定木は、ジニ係数の差が最大となるような分岐を見つけ出し、そのそれぞれについても、それ以上ジニ係数が小さくなることがないというところまで、分岐の作業を繰り返していく。

## 3. Rによるシミュレーション

Rでは決定木の分析を行う rpart というパッケージを用いる。追加でインストールする必要があるので、データとしては、架空の成績データを利用することにする[*1]。これは次に示すような学生の試験結果を表すデータで、表7-1の例に加えて、試験を受けた回数を付け加えた100人分の成績を表している。ここで、New とは1回目の受験を、Retry は再試験を意味している。このデータを用い、どういったタイプの人が「70点以上」の成績を取るのかどうかということを分析する。

```
> s1 <- read_csv("data/rpart.csv")


Rows: 99 Columns: 5
-- Column specification ----------------------------------------
Delimiter: ","
```

*1 Over70 と Under70 では厳密には70点が含まれないが、ここでは分かりやすさを優先して Over70 と Under70 と記す。

```
chr (4): age, gender, trial, score
dbl (1): number

> s1 %>% head()

# A tibble: 6 x 5
  number age     gender trial score
   <dbl> <chr>   <chr>  <chr> <chr>
1      1 Under40 Man    New   Under70
2      2 Under40 Woman  New   Under70
3      3 Over40  Woman  Retry Under70
4      4 Over40  Man    New   Over70
5      5 Over40  Woman  New   Over70
6      6 Under40 Man    New   Over70
```

次に library(rpart) でライブラリの読み込みを行う。今回は、どういったタイプの人が「70 点以上」の成績を取るのかということを調べたいので、4 つの成分のうち、score が目的変数であり、他の変数が説明変数ということになる。rpart では、回帰分析のときに用いた lm と同様に**目的変数~説明変数**と指定する。複数ある場合には+でつなぐ。score 以外の全てという場合には、ピリオド (.) のみとすることができる。最後に、分類木であることを示すために method="class" と指定する。解析が終わったら結果を見てみよう。s2 と打つと次のように結果が表示される。

```
> library(rpart)
> s2 <- rpart(score~age+gender+trial,data=s1,method="class")
> s2
```

```
n= 100

node), split, n, loss, yval, (yprob)
      * denotes terminal node

1) root 100 48 Under70 (0.4800000 0.5200000)
   2) trial=New 70 29 Over70 (0.5857143 0.4142857)
     4) age=Under40 34  6 Over70 (0.8235294 0.1764706) *
     5) age=Over40 36 13 Under70 (0.3611111 0.6388889)
      10) gender=Man 15  7 Over70 (0.5333333 0.4666667) *
      11) gender=Woman 21  5 Under70 (0.2380952 0.7619048) *
   3) trial=Retry 30  7 Under70 (0.2333333 0.7666667) *
```

受験回数によって分岐があり、受験回数が New である方はさらに年齢によって分岐があり、40 歳以上であるものに対してさらに性別によって分岐が起こっている。

では、次にこの結果を図で見てみよう。rpart.plot というパッケージを用いると分類木を作成できる。

```
> library(rpart.plot)
> rpart.plot(s2,box.palette = "Greys")
```

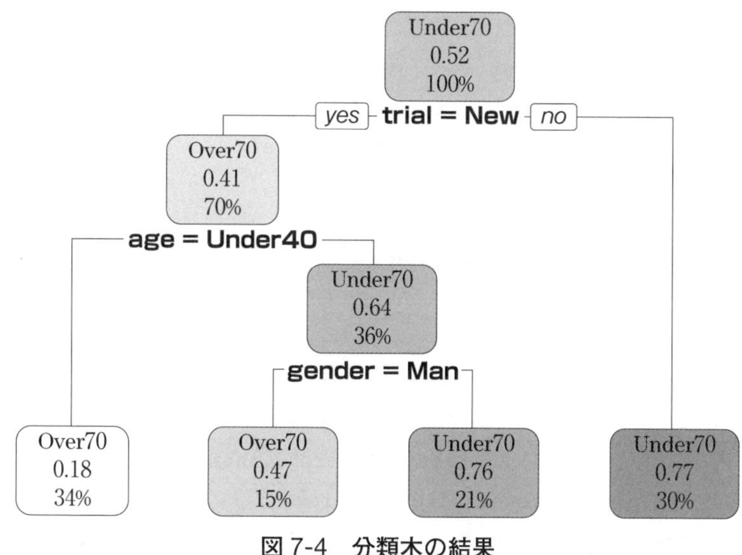


図 7-4　分類木の結果

これを見ると、再試験を受けている人は 70 点未満であることが多い。また、1 回目の受験の中でも 40 歳未満の場合に 70 点以上の割合が高く、逆に 40 歳以上の女性が 70 点以下であることが多いというように分類されていることが見て取れる。ggplot 系のグラフとしては ggparty というパッケージがある。ggplot の代わりに ggparty　でデータを指定する。geom_edge が枝の描画、geom_node が点を表示する。ids は inner が枝分かれの点、terminal が終点を意味している。

```
> library(ggparty)
> s3 <- as.party(s2)
> ggparty(s3) +
+   geom_edge() +
+   geom_edge_label() +
```

```
+     geom_node_label(
+       line_list = list(
+         aes(label = splitvar),
+         aes(label = paste0("N =", nodesize) ) ),
+       line_gpar =list(
+         list(size=12,parse=T),
+         list(size=10,parse=F) ),
+       ids = "inner") +
+     geom_node_plot(
+       gglist = list(geom_bar(aes(x="", fill = score),
+                                          position = "fill"),
+                              labs(x="score"),theme_bw(),
+       scale_fill_brewer(palette="Greys") ),
+       scales = "fixed",
+       id = "terminal",
+       shared_axis_labels = TRUE,
+       legend_separator = TRUE,
+     )
```

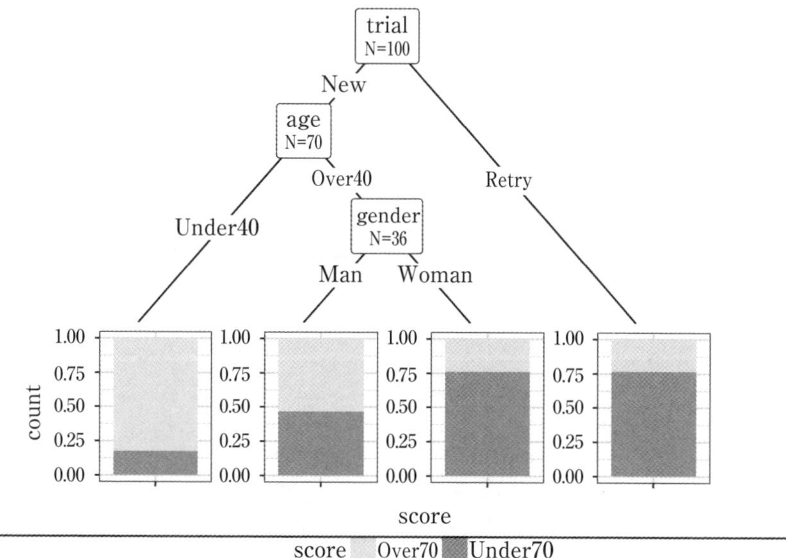


図 7-5　ggparty による分類木の描画

## 4.　まとめと展望

ここでは、決定木について、特に分類木について説明した。決定木は不純度を表す指標をもとにデータを分割し、その不純度が最も小さくなるように分岐を決定した。今回はジニ係数を用いたが、ジニ係数の代わりに情報理論の情報量という概念が用いられることがある。情報量は $\log_2(p_i)$ で表され、その情報量の平均のことを**エントロピー**という。エントロピーは、

$$I = -\sum_{i=1}^{n} p_i \log_2(p_i)$$

と計算される。ここで、$0 \log_2(0) = 0$ とする。エントロピーは情報の不確実さを表したものである。ある確率分布が与えられるとそのエントロピーを計算することができる。例えば、結果が $n$ 通りある場合のエント

ロピーは、どれも等確率 $p_i = \dfrac{1}{n}$ で起こるときに最大になる。決定木の場合には、分割することによって、このような不確実性を減らすようにしたいので、分割の前後でのエントロピーの差とは分割前の情報量の平均から分割後の情報量の平均を引いた値が最大になるように分割する。この差のことを**情報利得**という。要素が 2 つの場合のジニ係数とエントロピーのグラフを図 7-6 に示す。

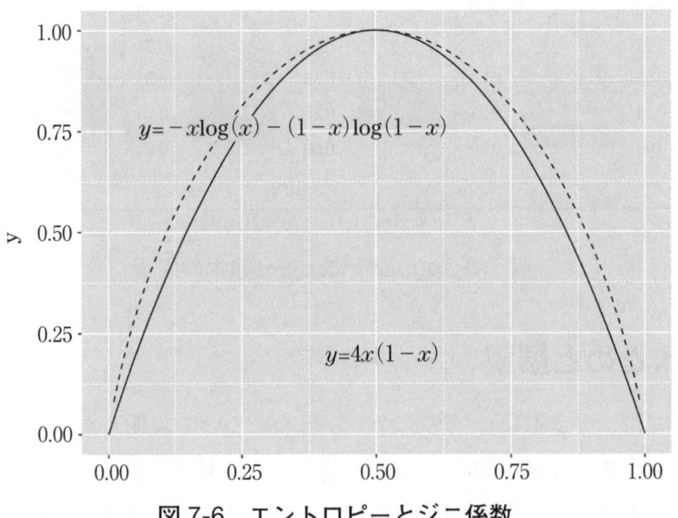


**図 7-6　エントロピーとジニ係数**

決定木では扱うデータの説明変数の量が多くなると、それに合わせて深く広く枝分かれをするということが起きてしまう。このような場合の細かな枝分かれとは必ずしも本質的な違いとは限らず、収集したデータのみが持つ微妙な違いに応じた分岐でしかないということも起こる。このような現象を**過学習**という。こうしたことが起きないためには、細かく分岐した枝をある判断基準のもとで切るということを行う。これを**枝**

刈りまたは**剪定** (pruning) という。

また、単独で精度が低い場合であっても複数の機械を用いることで精度が向上することがある。それぞれ並列に学習させた学習器を複数用いて多数決や平均によって最終的な分類予測を行うものを**アンサンブル学習**という。決定木を複数組み合わせて分類予測をするものを**ランダムフォレスト**という。R ではランダムフォレストを行うパッケージに `randomForest` がある。

## 参考文献

[1] Bradley Efron,Trevor Hastie（著）, 井手剛, 藤澤洋徳（訳）, "大規模計算時代の統計推論：原理と発展", 共立出版,2020,https://hastie.su.domains/CASI/ }

[2] Trevor Hastie,Robert Tibshirani,Jerome Friedman（著）, 杉山将, 井手剛, 神嶌敏弘, 栗田多喜夫, 前田英作（訳）, "統計的学習の基礎：データマイニング・推論・予測", 共立出版,2014,https://hastie.su.domains/ElemStatLearn/

[3] 金明哲,"R によるデータサイエンス (第 2 版)", 森北出版,2017

## 演習

**【問題】**

1. 誤っている部分を直せ
   a. 木とはループのあるグラフのことである。
   b. 目的変数がカテゴリー変数の決定木を特に回帰木という。
   c. データを分割するときは不純度が大きくなるように分類する。
   d. ジニ係数はデータの均一さを表し、値が小さいほどばらついていることを意味している。
   e. 決定木では技が細かく分岐するほど学習が進んでいるので望ましいと考えることができる。

2. 今回は説明変数がすべてカテゴリー変数の場合を説明したが、説明変数が連続変数の場合、ある値で分割する。また、目的変数も量的変数の場合はグループ分けした回帰木では、目的変数を $y$ 、説明変数の 1 つを $x$ としたとき、$x \geqq s$ のグループを $R_1$、$x < s$ のグループを $R_2$ とし、各グループの $y$ の平均を $\bar{y}_{R1}$、$\bar{y}_{R2}$ とすると、

$$\min\left\{\sum_{x\in R_1}(y-\bar{y}_{R1})^2+\sum_{x\in R_2}(y-\bar{y}_{R2})^2\right\} \tag{7.5}$$

を計算する。

```
> set.seed(0)
> N_train <- 20
> sigma <- 0.1
> train_x  <- runif(N_train)
> train_y <- sin(2*pi* train_x) + rnorm(N_train,0,sigma)
> a <-rpart(train_y~train_x)
> rpart.plot(a,box.palette = "Greys")
```

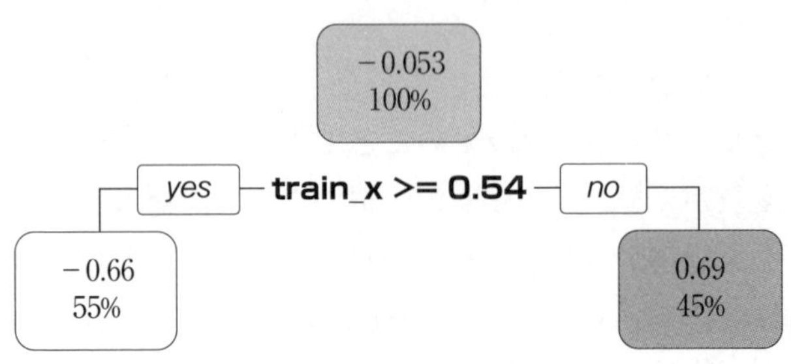


図 7-7　回帰木の例

上の例では全体の $y$ の平均が -0.0534543 で $x$ が 0.5352763 かどう

かで分割し、それぞれの $y$ の値を -0.6580945 -0.6580945 とするルールを抽出している。

```
> a

n= 20

node), split, n, deviance, yval
      * denotes terminal node

1) root 20 10.2940700 -0.0534543
  2) train_x>=0.5352763 11  0.6721920 -0.6580945 *
  3) train_x< 0.5352763 9  0.6852348  0.6855504 *
```

MSE はグループ内の平均 2 乗和を表している。式 (7.5) において、全体の平均を $\bar{(y)}$ とすると

$$\sum_{all}(y_i - \bar{y})^2 = \sum_{x\in R_1}(y_i - \bar{y}_{R1})^2 + \sum_{x\in R_2}(y_i - \bar{y}_{R2})^2 + \left(n_{R1}(\bar{y}_{R1} - \bar{y})^2 + n_{R2}(\bar{y}_{R2} - \bar{y})^2\right)$$

が成り立つ。前半の二項は同じグループ内のばらつき、後半の二項は群ごとのばらつきを表している。同じグループ内のばらつきが小さくすることが不純度を小さくすることに対応している。

**解答**

1. a. ある→ない　b. 回帰木→分類木　c. 大きく→小さく　d. 均一さ→ばらつき、小さい→大きい　e. 決定木では細かな枝分かれが必ずしも本質的な違いに対応しているわけではなく、枝分かれが多いほどよいとは限らない。

# 8 回帰分析（1）

**《目標＆ポイント》**回帰分析とは、データの中のある値を他の変数の重みつきの線形結合によって表現しようとする方法である。この章では説明変数が1つの単回帰分析を中心に説明する。係数がどのようなときに求まるのか、また当てはまりの評価の方法について述べる。

**《キーワード》**単回帰分析、決定係数、説明変数、目的変数、サンプルサイズ

## 1. 単回帰分析

回帰分析とは、求めたい値をその他の値を用いて表そうとする方法のことである。例えば、ある人の身長を聞けば、その人が標準的な体型ならば、その人の体重をある程度の精度で予測することができるだろう。これは、体重を身長の値を使って表す式を求めていることになる。これが回帰直線である。このとき、身長だけといったように1つの変数で表そうとするものを**単回帰分析**といい、2つ以上の説明変数を用いる場合を**重回帰分析** (multiple regression analysis) という。身長と体重のデータ (`sreg.csv`) を見てみよう。これは図8-1のように表すことができる。点はほぼ一直線上に並んでいる。

```
# A tibble: 6 x 3
  name  height weight
  <chr>  <dbl>  <dbl>
1 A01     147.   52.3
2 A02     150.   53.2
```

```
3 A03      152.   54.5
4 A04      155.   55.9
5 A05      158.   57.3
6 A06      160    58.6
```

図示すると次のようになる。

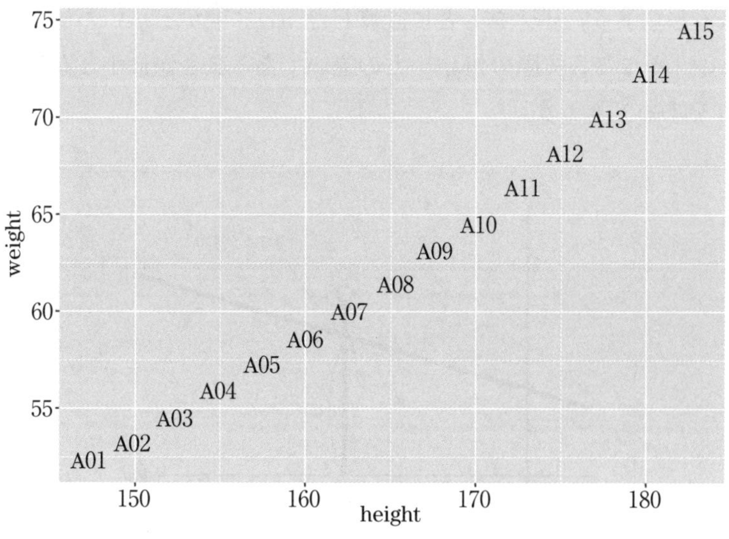


**図 8-1　身長と体重のグラフ**

これをみると身長の値を教えてもらうだけで、その人の体重を求めることができると考えることができるだろう。次に、身長 $X$ cm、体重 $Y$ kg に対して、$Y = aX + b$ となるような $a$、$b$ を求めることを考えてみよう。ここで、この身長の $X$ の値を**説明変数** (explanatory variable) といい、体重の $Y$ のことを**目的変数** (response variable) という。回帰分析とは目的となる変数を説明変数を用いて説明する、そのような直線 (一般には超平面) の式を求めることである。このような直線とは、すべてのデータの特徴を表す式であると考えることもできる。さて、図 8-2 のように $N$ 個の観測したデータの組のサイズ（以降これを**サンプルサイズ**という）

$$(x^{(1)}, y^{(1)}), \cdots, (x^{(p)}, y^{(p)}), \cdots, (x^{(N)}、y^{(N)})$$

があるとしよう。$x^{(1)}$ をもとに計算した $ax^{(1)} + b$ と $y^{(1)}$ の値と近ければよい。そこで、実際の値 $y^{(1)}$ との違いである長さが最小となるように $a$、$b$ を求めてみよう。

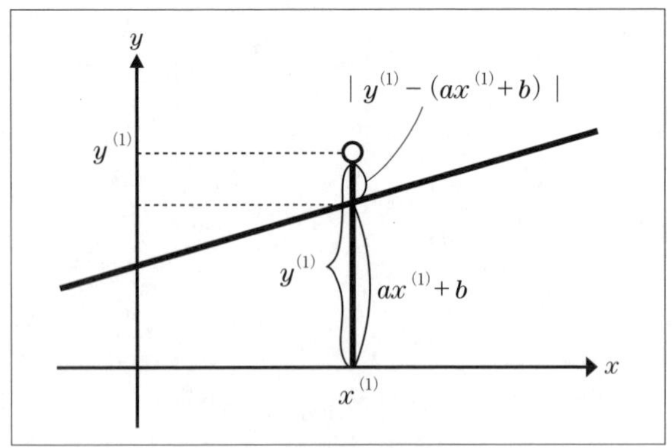


**図 8-2　回帰直線の計算**

そこで実際の値と計算した値の差の 2 乗を誤差として、すべて足し合わせる。

$$\begin{aligned} E &= \left(y^{(1)} - (ax^{(1)} + b)\right)^2 + \cdots + \left(y^{(N)} - (ax^{(N)} + b)\right)^2 \\ &= \sum_{p=1}^{N} \left(y^{(p)} - (ax^{(p)} + b)\right)^2 \end{aligned} \tag{8.1}$$

これが最小になる $a$、$b$ を求めてみよう。このように 2 乗の和を最小にすることによって、$a$、$b$ を求める方法を**最小 2 乗法**という。両辺をそれぞれ $a$、$b$ で偏微分すると

$$\sum_{p=1}^{N} \left( y^{(p)} - ax^{(p)} - b \right) x^{(p)} = 0 \tag{8.2}$$

$$\sum_{p=1}^{N} \left( y^{(p)} - ax^{(p)} - b \right) = 0 \tag{8.3}$$

となる。上の式 (8.3) を $N$ で割ると、

$$\mu_y - (a\mu_x + b) = 0$$

である。$\mu_x$、$\mu_y$ はそれぞれの平均であるとする。回帰直線はそれぞれの平均を通る直線

$$y - \mu_y = a(x - \mu_x)$$

であることがわかる。そこで、全ての点を中心化して

$$x^{(p)'} = x^{(p)} - \mu_x \tag{8.4}$$

$$y^{(p)'} = y^{(p)} - \mu_y \tag{8.5}$$

とすると、

$$E = \sum_{p=1}^{N} \left( y^{(p)'} - ax^{(p)'} \right)^2 \tag{8.6}$$

となるので、

$$0 = \sum_{p=1}^{N} \left( y^{(p)'} - ax^{(p)'} \right) x^{(p)'} \tag{8.7}$$

から

$$S_{xy} - aS_{xx} = 0$$

が得られる。これより、$S_{xx} \neq 0$ であれば、最終的に $a$、$b$ を求めることができる。ここで、$S_{xx}$ や $S_{xy}$ をサンプルサイズから 1 を引いた $N-1$ で割ったものが分散共分散である。とすると, $S_{xx} = 0$ とは ばらつきがないということであり、$N$ 個の $x^{(p)}$ がどれも同じ値であることを意味している。もし、それぞれの $y^{(p)}$ の値が異なるとすると、入力がどれも同じなのに、出力が異なる値であるときに、$y$ を予測することは考えにくい。$S_{xx} \neq 0$ として考えればよい。この連立方程式を解くと、

$$a = \frac{S_{xy}}{S_{xx}}$$

$$b = -\frac{S_{xy}}{S_{xx}}\mu_x + \mu_y$$

と求めることができる。

## 2. 重回帰分析

$r$ 個の説明変数の場合、Y を求める式は

$$\mathrm{Y} = a_1\mathrm{X}_1 + a_2\mathrm{X}_2 + \cdots + a_r\mathrm{X}_r + b = \sum_{i=1}^{r} a_i\mathrm{X}_i + b$$

と書くことができる。この式は個々の変数 $x_i$ の 1 次式で表されている。これを**線形結合**という。また、この係数 $a_1$、$a_2$、$\cdots$、$a_r$ を**偏回帰係数**という。ここでは、偏回帰係数を $N$ 個のデータ

$$(x_1^{(1)}, x_2^{(1)}, \cdots、x_r^{(1)}), (x_1^{(2)}, x_2^{(2)}, \cdots, x_r^{(2)}), \cdots (x_1^{(N)}, x_2^{(N)}, \cdots, x_r^{(N)})$$

から求める。今、求めたい変数の数は、$a_i$ 及び $b_j$ の数で $r+1$ 個である。これを $N$ 個の数から求めるので、$N$ が $r$ より小さいと係数を求めるこ

とができない。$N$ の数は $r$ に比べて大きいものであるとする。こうした条件のもとで単回帰のときと同様に計算しよう。$\mu_{x_i}$ を $\mu_i$、$S_{x_i x_j}$ を $S_{ij}$ とすると

$$S_{1y} = S_{11}a_1 + S_{12}a_2 + \cdots + S_{1r}a_r \tag{8.8}$$

$$S_{1y} = S_{21}a_1 + S_{22}a_2 + \cdots + S_{2r}a_r \tag{8.9}$$

$$\cdots$$

$$S_{ry} = S_{r1}a_1 + S_{r2}a_2 + \cdots + S_{rr}a_r \tag{8.10}$$

$$b = \mu_y - (a_1\mu_1 + a_2\mu_2 + \cdots a_r\mu_r) \tag{8.11}$$

という連立方程式が得られる。これを**正規方程式** (normal equation) という。ここで、サンプルサイズ $N-1$ で割ると $x_i$ と $x_j$ の共分散 $\sigma_{x_i x_j}$ となる。これを $\sigma_{ij}$ と略すと

$$\begin{pmatrix} \sigma_{11} & \sigma_{12} & \cdots & \sigma_{1r} \\ \sigma_{21} & \sigma_{22} & \cdots & \sigma_{2r} \\ \vdots & \vdots & \ddots & \vdots \\ \sigma_{r1} & \sigma_{r2} & \cdots & \sigma_{rr} \end{pmatrix} \begin{pmatrix} a_1 \\ \vdots \\ a_r \end{pmatrix} = \begin{pmatrix} \sigma_{1Y} \\ \vdots \\ \sigma_{rY} \end{pmatrix} \tag{8.12}$$

と書くことができる。このように $x_i$ と $y$ の平均、分散、共分散を求めておくと、この連立方程式を解くことで $a_i$ が求まる。さらに最後の式から $b_j$ が求まる。ここで、もともとの重回帰式に代入すると、

$$\mathrm{Y} - \mu_y = a_1(\mathrm{X}_1 - \mu_1) + a_2(\mathrm{X}_2 - \mu_2) + \cdots + a_r(\mathrm{X}_r - \mu_r) \tag{8.13}$$

となり、重回帰式は各変数の平均の点を通ることを意味している。

以上のことより、それぞれの変数の平均、分散共分散を求める。分散共分散行列が逆行列を持てば、この重回帰式を求めることができることがわかる。

前節では $r$ 個の説明変数 $a_i$ と切片 $b$ を用いて説明したが、説明変数として $x_0 = 1$ を加えた式として見る見方もある。見やすくするために、$m = r + 1$ として、$i = 0, 1, \cdots, r$ に対し $\phi_i = x_{i+1}$、$w_i = a_{i+1}$ とすると

$$y^{(p)} = \sum_{i=1}^{m} w_i \phi_i^{(p)} \tag{8.14}$$

と書き換えることができる。すると最小 2 乗法から導かれる式は

$$\boldsymbol{w} = \begin{pmatrix} w_1 \\ w_2 \\ \vdots \\ w_m \end{pmatrix}, \boldsymbol{\Phi} = \begin{pmatrix} \phi_1^{(1)} & \phi_2^{(1)} & \cdots & \phi_m^{(1)} \\ \phi_1^{(2)} & \phi_2^{(2)} & \cdots & \phi_m^{(2)} \\ \vdots & \vdots & \ddots & \vdots \\ \phi_1^{(N)} & \phi_2^{(N)} & \cdots & \phi_m^{(N)} \end{pmatrix}, \boldsymbol{y} = \begin{pmatrix} y^{(1)} \\ y^{(2)} \\ \vdots \\ y^{(N)} \end{pmatrix} \tag{8.15}$$

とすると、正規方程式は

$$(\boldsymbol{\Phi}^T \boldsymbol{\Phi})\boldsymbol{w} = \boldsymbol{\Phi}^T \boldsymbol{y} \tag{8.16}$$

と書くことができ、回帰係数は

$$\boldsymbol{w} = (\boldsymbol{\Phi}^T \boldsymbol{\Phi})^{-1} \boldsymbol{\Phi}^T \boldsymbol{y} \tag{8.17}$$

と書くことができる。

## 3. 予測の正確さ

重回帰式の係数を求める方法について説明し、分散共分散行列が逆行列を持てば係数を求めることができるということを述べた。単に計算するのであれば、このように係数を定めることはできる。しかし、値が求まったからそれでよいというわけではない。はたしてどれだけ正確な予測をできるようになったのかを考えてみよう。ある 2 つの確率変数があり、

$$Y = 0.2X + s\epsilon$$

という関係があるとする。$X$、$Y$ についてのデータ $(x^{(p)}$、$y^{(p)})$ を入手して、データから $X$、$Y$ の関係を求めることを考える。$\epsilon$ を標準正規分布に従う乱数であるとする。以降、$s\epsilon$ の項を**ノイズ**と呼ぶ。この $s$ はノイズのばらつきを表す値でこれを**ノイズの大きさ**と呼ぶことにする。このノイズの大きさを少しずつ変化させることを考える。それによって、予測がどのように変わっていくのかについて見てみたい。$X$ は 0 から 1 の間で一様分布でランダムに取り出すことにする。例えば、$s = 0.1$ とすると図 8-3 のようになる。

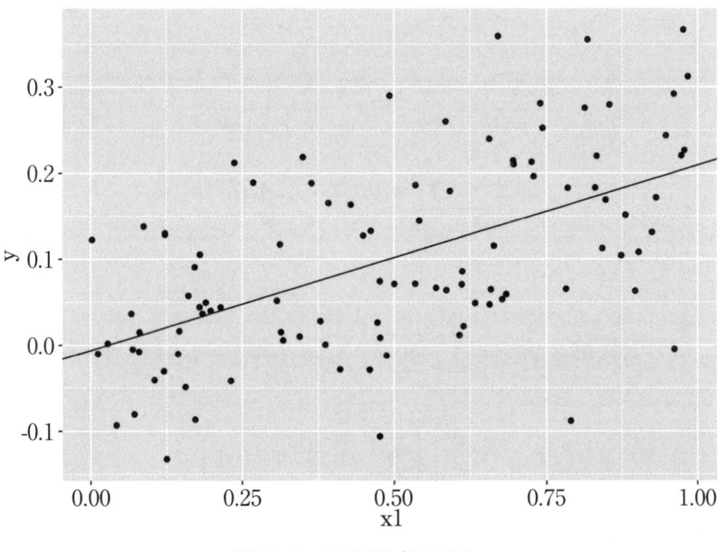


**図 8-3　回帰分析の例**

先ほどの回帰の式を解くことによって得られる $a_i$ $b$ のことを特に $\hat{a}_i$、$\hat{b}$ とし、これによって予測される値を $\hat{y}^{(p)}$ とする。最小 2 乗法といって

も必ずしも誤差が 0 になるわけではない。そこで予測誤差を $e^{(p)}$ とすると、

$$\hat{y}^{(p)} = \sum_{i=1}^{r} \hat{a}_i x_i^{(p)} + \hat{b} \tag{8.18}$$

$$= \sum_{i=1}^{r} \hat{a}_i \left( x_i^{(p)} - \mu_i \right) + \mu_y \tag{8.19}$$

$$y^{(p)} = \hat{y}^{(p)} + e^{(p)} \tag{8.20}$$

と書くことができる。そこで、予測誤差の 2 乗和を計算すると、

$$\sum_{p=1}^{N} (e^{(p)})^2 = \sum_{p=1}^{N} \left\{ (y^{(p)} - \mu_y) - \left( \sum_{i=1}^{r} \hat{a}_i \left( x_i^{(p)} - \mu_i \right) \right) \right\}^2 \tag{8.21}$$

$$= \sum_{p=1}^{N} (y^{(p)} - \mu_y)^2 + \sum_{p=1}^{N} \left( \sum_{i=1}^{r} \hat{a}_i (x_i^{(p)} - \mu_i) \right)^2 \tag{8.22}$$

$$-2 \sum_{p=1}^{N} \sum_{i=1}^{r} \hat{a}_i (x_i^{(p)} - \mu_i)(y^{(p)} - \mu_y) \tag{8.23}$$

ここで、

$$\text{（上式第 3 項）} = \sum_{p=1}^{N} \sum_{i=1}^{r} \hat{a}_i \sum_{j=1}^{r} \hat{a}_j (x_i^{(p)} - \mu_i)(x_j^{(p)} - \mu_j) \tag{8.24}$$

$$= \sum_{p=1}^{N} \left( \sum_{i=1}^{r} \hat{a}_i (x_i^{(p)} - \mu_i) \right)^2 \tag{8.25}$$

である。最終的に

$$\sum_{p=1}^{N} (e^{(p)})^2 = \sum_{p=1}^{N} (y^{(p)} - \mu_y)^2 - \sum_{p=1}^{N} \left( \sum_{i=1}^{r} \hat{a}_i (x_i^{(p)} - \mu_i) \right)^2$$

が成り立つ。

$$\sum_{p=1}^{N}(y^{(p)} - \mu_y)^2 = \sum_{p=1}^{N}(y^{(p)} - \hat{y}^{(p)})^2 + \sum_{p=1}^{N}(\hat{y}^{(p)} - \mu_y)^2$$

であり、すなわち 観測値 $y$ のばらつきを 予測誤差 $e$ のばらつきと予測値自身 $\hat{y}$ のばらつきの和で表すことができたことになる。予測誤差のばらつきが小さくなればなるほど、実測値のばらつき具合の中で予測値の占めるばらつきの度合いが大きくなり、予測値だけで実測値のばらつきを表現できたことになる。そこで、実測値のばらつきを $S_T$、予測誤差のばらつき $S_E$、予測値の分散を $S_R$ とすると、

$$S_T = S_E + S_R$$

である。これより実測値のばらつきに対する予測値のばらつきの割合は

$$R^2 = \frac{S_R}{S_T} = 1 - \frac{S_E}{S_T}$$

の $R^2$ を**決定係数**という。決定係数が 1 に近いほど予測の精度は高いということを意味する。

## 4.　R によるシミュレーション

では実際に R で行ってみよう。例として、ある確率変数 $Y$ があり

$$Y = aX + b + \epsilon$$

が成り立つと仮定する。ここで、$\epsilon$ は正規分布 $N(0, \sigma^2)$ に従うものとする。今、$\sigma = 1$ とする。$a = 2$、$b = 3$ として乱数を発生させてみよう。

```
> set.seed(0)
> true_a = 2
> true_b = 3
```

```
> x1 <- runif(100)
> x2 <- rnorm(100,mean=0,sd=1)
> y1 <- true_a*x1+ true_b + x2
```

R には、回帰分析を行う関数として lm という関数がある。関数の引数として目的変数と説明変数を指定する。データフレームとして与える場合には data=データフレームの変数名として 列、行の名前を指定する。今はベクトルデータなので変数名を指定している。計算結果を w に代入している。w はリストであるが、その変数名を指定すると出てきた結果を見ることができる。また、summary() で結果の要約を見ることができる。

```
> w <- lm(y1~x1)
> w

Call:
lm(formula = y1 ~ x1)

Coefficients:
(Intercept)           x1
      2.943        1.927
> summary(w)

Call:
lm(formula = y1 ~ x1)

Residuals:
     Min       1Q   Median       3Q      Max
-2.11900 -0.75934  0.03127  0.57068  2.52533
```

```
Coefficients:
            Estimate Std. Error t value Pr(>|t|)
(Intercept)   2.9430     0.1942  15.153  < 2e-16 ***
x1            1.9275     0.3314   5.816 7.57e-08 ***
---
Signif. codes:  0 '***' 0.001 '**' 0.01 '*' 0.05 '.' 0.1 ' ' 1

Residual standard error: 0.8908 on 98 degrees of freedom
Multiple R-squared:  0.2566,    Adjusted R-squared:  0.249
F-statistic: 33.82 on 1 and 98 DF,  p-value: 7.574e-08
```

$a$、$b$ の推定値 $\hat{a} = 1.927$、$\hat{b} = 2.943$ 実際の値とよく一致しているように見える。一方、決定係数は 0.25 程度とあまりよくないように見える。

図示するには、geom_point でデータを散布図として表示し、そこに geom_abline で直線を追加する。geom_abline() は傾き $a$ を slope、切片 $b$ を intercept として指定する。

```
> ggplot() + geom_point(aes(x=x1,y=y1) ) +
+   geom_abline(aes (intercept=w$coefficient[1],
+                    slope=w$coefficient[2] ) )
```

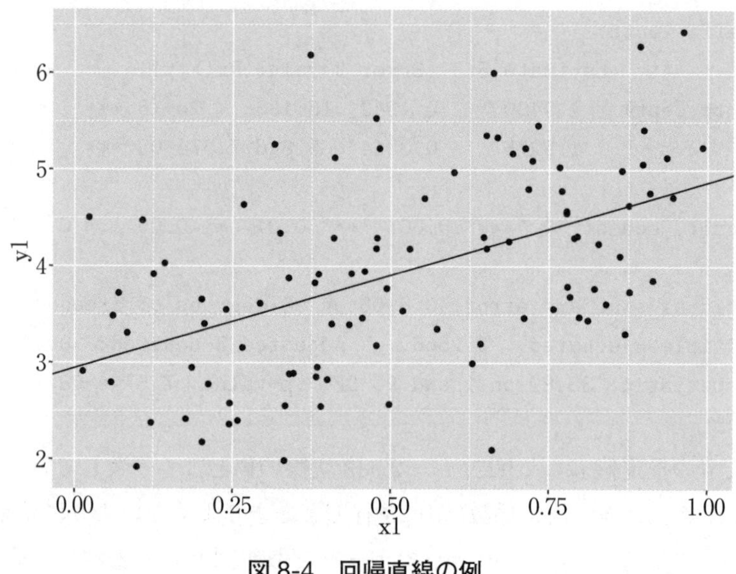


図 8-4　回帰直線の例

もう 1 つ正規乱数の分散を変えて行ってみよう。

```
> set.seed(0)
> true_a = 2
> true_b = 3
> x1 <- runif(100)
> x2 <- rnorm(100,mean=0,sd=0.1)
> y1 <- true_a*x1+ true_b + x2
> w <- lm(y1~x1)
> w

Call:
lm(formula = y1 ~ x1)
```

```
Coefficients:
(Intercept)           x1
      2.994        1.993
> summary(w)

Call:
lm(formula = y1 ~ x1)

Residuals:
      Min        1Q    Median        3Q       Max
-0.211900 -0.075934  0.003127  0.057068  0.252533

Coefficients:
            Estimate Std. Error t value Pr(>|t|)
(Intercept)  2.99430    0.01942  154.17   <2e-16 ***
x1           1.99275    0.03314   60.13   <2e-16 ***
---
Signif. codes:  0 '***' 0.001 '**' 0.01 '*' 0.05 '.' 0.1 ' ' 1

Residual standard error: 0.08908 on 98 degrees of freedom
Multiple R-squared:  0.9736,    Adjusted R-squared:  0.9733
F-statistic:  3615 on 1 and 98 DF,  p-value: < 2.2e-16
```

この場合、決定係数の値は 0.973 と高い値となっている。

## 5.　まとめと展望

いくつかのデータを持っているときにそのデータが持つ特徴を線形結合によって表すのが回帰分析である。ここでは、単回帰分析を中心に係数を求める方法について述べた。計画を立てて $x$ の値を決めて $y$ の値を観測し、その $(x, y)$ のペアをもとにそのルールを知りたいとしよう。同じ $x$ の値に対して異なる $y$ の値が観測されれば、$x$ だけでは決まらない要因があるのではないかと思うだろう。同じ $x$ の値があってはならないということではないが、全て同じではいけないことが $\mathrm{S}_{xx} \neq 0$ ということであった。また、係数が求まるだけではなく当てはまりのよさを考える必要があることを述べた。

## 参考文献

[1] 日本統計学会,“統計学基礎：日本統計学会公式認定統計検定 2 級対応”, “東京図書”,2021

[2] 金明哲,“R によるデータサイエンス (第 2 版)”, 森北出版,2017

[3] 中谷, 秀洋,“わけがわかる機械学習：現実の問題を解くために、しくみを理解する”, 技術評論社,2019

## 演習

**【問題】**

回帰分析について述べた次の文について，誤りを修正せよ。

a.　回帰分析は目的変数を用いて説明変数を説明しようとするモデルである。

b.　単回帰分析の場合，決定係数の値は相関係数と一致する。

c.　回帰分析では分散共分散行列や相関行列の固有値，固有ベクトルを計算して係数を求める。

**解答**

例として以下のように修正することができる。

a.　回帰分析は説明変数を用いて目的変数を説明しようとするモデルである。

b.　単回帰分析の場合，決定係数の値は相関係数の 2 乗と一致する。

c.　回帰分析では分散共分散行列や相関行列の逆行列を計算する。

# 9 回帰分析（2）

**《目標＆ポイント》**説明変数が複数ある場合の重回帰分析について説明し、説明変数同士の関係を見る方法として偏相関係数について説明する。重回帰分析の例として非線形関数の多項式近似を行う方法について説明する。最後に回帰係数の検定について述べ、R でシミュレーションを行う。

**《キーワード》**偏相関係数、多項式近似、自由度、信頼区間

## 1. 偏相関係数

回帰分析では説明変数をどのように選ぶかが問題となる。このときある変数 $X_i$ の偏回帰係数が大きい場合でも、他の変数の影響を受けて大きくなることもあり、直接の影響かどうか判断することができない。そこで、説明変数のある変数が目的変数との関係を見る上で**偏相関係数**が用いられる。例えば変数 $X_1$ から $X_{r-1}$ までを固定した $X_r$ と $Y$ との偏相関係数は

$$\hat{x}_r = \hat{b}_0 + \hat{b}_1 X_1 + \hat{b}_2 X_2 + \cdots \hat{b}_{r-1} X_{r-1} + E_r \tag{9.1}$$

$$\hat{y} = \hat{c}_0 + \hat{c}_1 X_1 + \hat{c}_2 X_2 + \cdots \hat{c}_{r-1} X_{r-1} + E_y \tag{9.2}$$

として表した $E_r$ と $E_y$ との相関係数として計算される。例として変数が 3 個の場合に $X_1$ を固定した場合、

$$E_2 = -\frac{s_{12}}{s_{11}}(X_1 - \mu_1) + (X_2 - \mu_2) E_y = -\frac{s_{1y}}{s_{11}}(X_1 - \mu_1) + (Y - \mu_Y)$$

の相関係数として

$$r_{2y\cdot1} = \frac{s_{11}s_{2y} - s_{12}s_{1y}}{\sqrt{s_{11}s_{22} - s_{12}^2}\sqrt{s_{11}s_{yy} - s_{1y}^2}} \tag{9.3}$$

または

$$r_{2y\cdot1} == \frac{r_{2y} - r_{12}r_{1y}}{\sqrt{1 - r_{1y}^2}\sqrt{1 - r_{12}^2}} \tag{9.4}$$

と計算される (右辺における $r.$ はそれぞれの相関係数)。

## 2.　重回帰分析による多項式近似

$y = \sin(2\pi x)$ を多項式 $1, x, \cdots, x^{m-1}$ で近似することを考えてみよう。入力は 0 から 1 の中で N_train 個の一様乱数とする。観測される $y$ には誤差が含まれているものとして、誤差が平均 0、分散 0.1 の 正規乱数を付け加える。

```
> set.seed(0)
> N_train <- 20
> sigma <- 0.1
> train_x  <- runif(N_train)
> train_y <- sin(2*pi* train_x) + rnorm(N_train,0,sigma)
```

次に、ベクトルとして x を与えたときにそれぞれを 1 から $m$ 乗したものを行列として作成する関数 func_phi_poly を作る。関数は 1 行の場合には、{} で囲まずに書くことができる。map は purrr というパッケージ（tidyverse に含まれている）にある繰り返しを行う関数。それについてはここでは説明を省略する。

```
> func_poly <- function(m,x) x^m
```

```
> func_phi_poly <- function(m,x_n){
+   phi <- vector("list",length=m)
+   phi <- map(1:m,func_poly,x=x_n)
+   phi <- matrix(unlist(phi),ncol=m)
+   colnames(phi) <- str_c("x",1:m)
+   phi <- as_tibble(phi)
+   }
```

例として m=4 としよう。m の数は train_x を超えないようにする。以下の手続きをすることで、訓練用の tibble ができる。

```
> m <- 4
> df_train <- func_phi_poly(m,train_x)
> df_train <- df_train %>% mutate(y=train_y)
> head(df_train)

# A tibble: 6 x 5
     x1     x2      x3      x4       y
  <dbl>  <dbl>   <dbl>   <dbl>   <dbl>
1 0.897 0.804  0.721   0.647    -0.528
2 0.266 0.0705 0.0187  0.00497   0.915
3 0.372 0.138  0.0515  0.0192    0.605
4 0.573 0.328  0.188   0.108    -0.471
5 0.908 0.825  0.749   0.680    -0.575
6 0.202 0.0407 0.00820 0.00165   0.913
```

R の lm は切片が含まれている。もし切片を含めないのであれば lm(data=df_train,y ~ x1+x2+x3+x4-1 ) のように-1 とする。全ての列を用いて予測する場合には「.」で列名の指定を省略できる。

```
> lm_poly <- lm(data=df_train,   y ~ . )
```

結果をもとに予測を行ってみよう。検証用データは 等間隔に N_test 個用意する。予測する場合には predict() という関数がある。係数を求めた lm_poly と入力 df_test を指定する。

```
> func_sin <- function(a,x) sin(a*x)
> N_test <- 200
> x_min <- 0
> x_max <- 1
> x_int <- (x_max - x_min ) / (N_test - 1)
> test_x  <- seq(x_min,x_max,x_int)
> df_test <- func_phi_poly(m,test_x)
> test_y <- predict(lm_poly,newdata = df_test)
> df_test %<>% mutate(y = test_y)
> ggplot(data.frame(x = c(0,1) ),aes(x=x) )+
+   geom_function(fun =func_sin,args=list(a=2*pi) )+
+   geom_point(data=df_train,aes(x=x1, y=y), col= "black")+
+   geom_line(data=df_test,aes(x=x1, y=y), col= "blue")
```

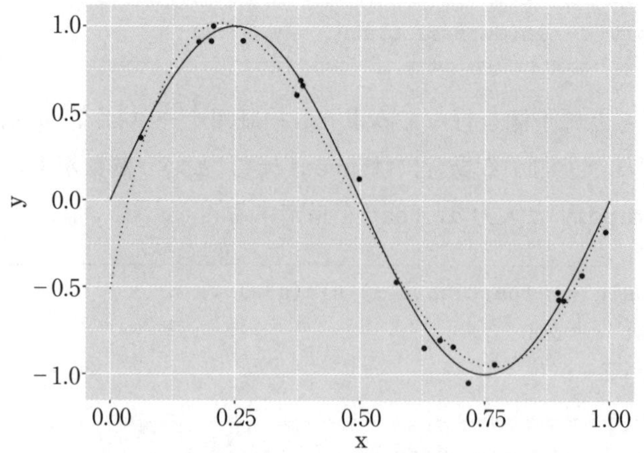


図 9-1　多項式による三角関数の近似

## 3.　回帰係数の検定

第 8 章で行った単回帰分析のシミュレーションをもう一度行ってみよう。今度は $a=0$、$b=0$ として乱数を発生させて回帰係数を求める。例えば set seed(0) として行うと

```
               Estimate Std. Error    t value  Pr(>|t|)
(Intercept) -0.0791256  0.1324205 -0.5975329 0.5506968
x1           0.2090684  0.2298572  0.9095579 0.3639388
```

のようになる。この例では $a = 0.209$、$b = -0.079$ と推定された。summary() を見ると

```
> summary(w)
```

```
Call:
lm(formula = y1 ~ x1)

Residuals:
     Min       1Q   Median       3Q      Max
-2.91908 -0.69723 -0.03187  0.61162  2.57173

Coefficients:
            Estimate Std. Error t value Pr(>|t|)
(Intercept) -0.07913    0.13242  -0.598    0.551
x1           0.20907    0.22986   0.910    0.364

Residual standard error: 0.9749 on 248 degrees of freedom
Multiple R-squared: 0.003325, Adjusted R-squared: -0.0006941
F-statistic: 0.8273 on 1 and 248 DF,  p-value: 0.3639
```

となっている。これについてもう少し詳しく見てみよう。確率変数 $X$ と $Y$ が $Y = aX + b + \epsilon$ という関係があり、$\epsilon$ が正規分布に従うとき、先ほどの計算によって導かれた回帰係数の推定値 $\hat{a}$、$\hat{b}$ は平均 $a$、平均 $b$ の正規分布に従う。しかし、$\epsilon$ の標準偏差が事前にわかっているわけではない。そこで、

$$\hat{\sigma} = \frac{S_R}{n-2} \tag{9.5}$$

をその標準偏差の推定値とするとき、$a$、$b$ の標準偏差は

$$\hat{\sigma}_a = \frac{\hat{\sigma}}{S_{xx}} \hat{\sigma}_b = \hat{\sigma}\sqrt{\frac{1}{n} + \frac{\bar{x}^2}{S_{xx}}} \tag{9.6}$$

と推定される。したがって、

$$T_a = \frac{\hat{a} - a}{\hat{\sigma_a}} \tag{9.7}$$

$$T_b = \frac{\hat{b} - b}{\hat{\sigma_b}} \tag{9.8}$$

は自由度 $N-2$ の t 分布に従う。先ほどの summary() では $a = 0$ 、$b = 0$ を 帰無仮説として $t$ 検定を行った結果である。また、

$$\sum_{p=1}^{N}(y^{(p)} - \mu_y)^2 = \sum_{p=1}^{N}(y^{(p)} - \hat{y}^{(p)})^2 + \sum_{p=1}^{N}(\hat{y}^{(p)} - \mu_y)^2$$

について示した。左辺についてサンプルサイズ $N$ のうち、平均を計算するのに 1 つの式を用いている。観測値のサンプルサイズから、推定に用いた式を除いた数を**自由度**という。推定した値を固定すると、$N-1$ 個の観測値が分かれば、平均から残りの値を定めることができる。右辺の第一項は N 個のうち、回帰係数の推定に 2 個用いているので 自由度は $N-2$ である。残る第二項の自由度は 1 となる。これを

$$S_T = S_E + S_R$$

とすると、この、$S_E$ は自由度 $N-2$ の F 分布、$S_R$ は自由度 1 のカイ二乗分布に従い、この比

$$F = \frac{S_R}{1} / \frac{S_E}{N-2}$$

は自由度 $(1, N-2)$ の F 分布に従うことが知られている。最後のメッセージでは $a = 0$ かつ $b = 0$ という帰無仮説の下で検定している。つまり、$a = 0$ であるという仮定を置いた場合に、この推定値の値を実現する確率（$p$ 値）を求めている。これが滅多に起こらない 0.05 以下であれば * 、0.01 以下であれば ** というように表記をしている。これについ

て、もう少し考えてみよう。$a=0$、$b=0$ として乱数を発生させて、そこに正規乱数を加えて、観測データを作る。そのデータから $a$、$b$ の値、および t 値、F 値を計算する。このことを何度も繰り返し、それぞれヒストグラムを作ってみる。

```
> set.seed(5)
> true_a = 0
> true_b = 0
> samplesize <- 250
> trial = 1000
> x1 <- runif(samplesize)
> sim_Ta <- vector("numeric",length=trial)
> sim_Ta <- vector("numeric",length=trial)
> sim_Tb <- vector("numeric",length=trial)
> sim_F <- vector("numeric",length=trial)
> for(i in 1:trial){
+   x2 <- rnorm(samplesize,mean=0,sd=1.0)
+   y1 <- true_a*x1+ true_b + x2
+   w <- lm(y1~x1)
+   ahat <- w$coefficients[2]
+   bhat <- w$coefficients[1]
+   SX <- sum ( (x1-mean(x1))^2 )
+   SR <- sum ( ( w$fitted.values-mean(y1) ) ^2 )
+   ST <- sum ( w$residuals^2 )
+   MSR <- SR/1
+   MST <- ST/(samplesize-1-1)
+   sim_F[i] <- MSR/MST
+   sigmahat <- sqrt(ST/ ( samplesize- 2 ) )
+   sigma_a <- sigmahat/sqrt(SX)
```

```
+   sim_Ta[i] <- (ahat-true_a)  / sigma_a
+   sigma_b <- sigmahat*sqrt(1/samplesize + mean(x1)^2/SX )
+   sim_Tb[i] <- (bhat-true_b)  / sigma_b
+ }

> ggplot()+geom_histogram(aes(x=sim_Ta,
+                              y=after_stat(density) ) ) +
+   geom_function(data=data.frame(x=c(-3,3) ),aes(x=x),
+                 fun=dt,args=c(df=(samplesize-2)))
```

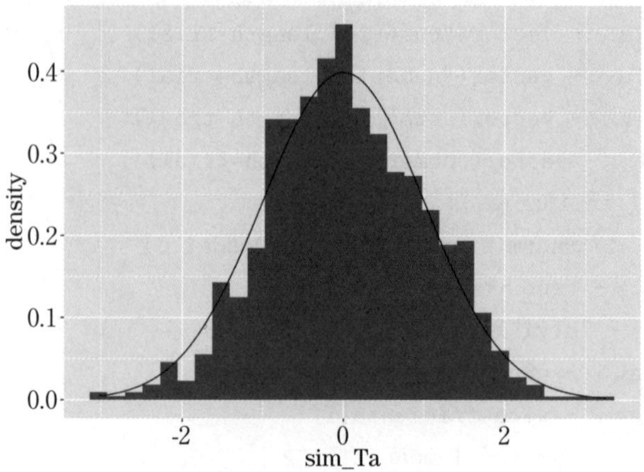


図 9-2　Ta のヒストグラム

```
> ggplot()+geom_histogram(aes(x=sim_Tb,
+                               y=after_stat(density) ) ) +
+   geom_function(data=data.frame(x=c(-3,3) ),aes(x=x),
+                 fun=dt,args=c(df=(samplesize-2)))
```

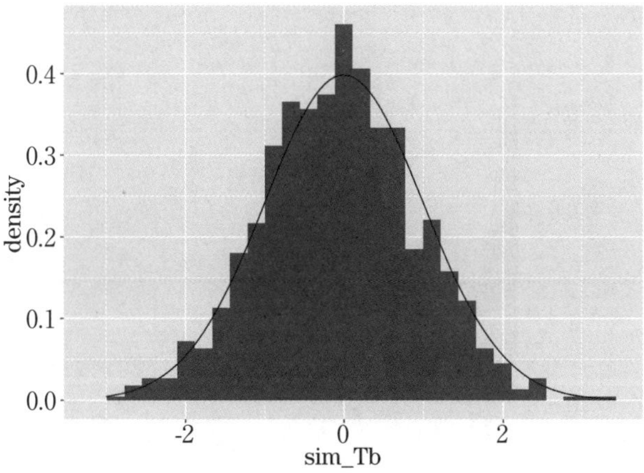


図 9-3　Tb のヒストグラム

```
> ggplot()+geom_histogram(aes(x=sim_F,
+                               y=after_stat(density)) )+
+   geom_function(data=data.frame(x=c(0,3) ),aes(x=x),fun=df,
+                 args=c(df1=1,df2=samplesize-2) )
```

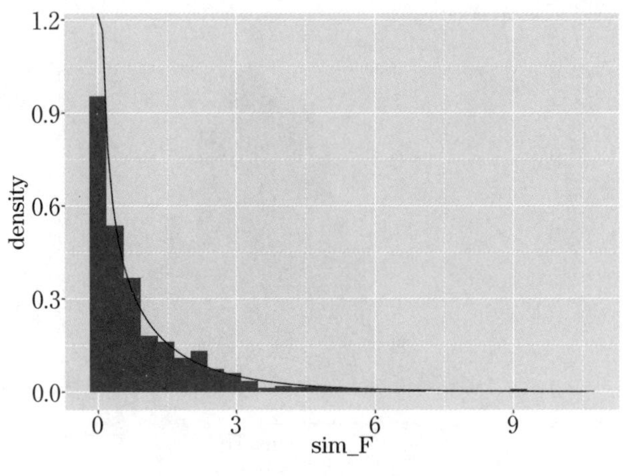


図 9-4　F のヒストグラム

このグラフを見ると、t 分布や F 分布に一致していることがわかる。t 値は 0 を中心としており、0 から離れているほど起こりにくい。そこで、t 値が正の場合には 1 - pt() の値を 2 倍し、負の場合には pt() の値を 2 倍した値が Pr(>|t|) に表示されている。この例で

```
> sum( sim_Ta < qt(0.025,samplesize-2) )+
+    sum(sim_Ta > qt(0.975,samplesize-2))

[1] 39

> sum( sim_Tb < qt(0.025,samplesize-2) )+
+    sum(sim_Tb > qt(0.975,samplesize-2))

[1] 42
```

```
> sum( sim_F < qf(0.025,1,samplesize) )+
+   sum(sim_F > qf(0.975,1,samplesize-2))

[1] 49
```

とすると 5%の検定で外れた回数を数えることができる。

## 4.　信頼区間の表示

第 8 章で行ったシミュレーション結果をもう少し詳しく見てみよう。predict では信頼区間を計算することができる。

```
> set.seed(50)
> true_a <- 2
> true_b <-  3
> samplesize <- 100
> testsize <- 1000
> xint <- (1-0)/(testsize-1)
> x1 <- runif(samplesize)
> x2 <- rnorm(samplesize,mean=0,sd=1.0)
> y1 <- true_a*x1+ true_b + x2
> train <- tibble(y=y1,x=x1)
> w <- lm(y~x,data=train)
> test <- tibble(x = seq(0,1,xint) )
> y2 <- predict(w,newdata=test,interval="confidence")
> head(y2,n=6L)

       fit      lwr      upr
1 2.746966 2.354650 3.139283
```

```
2 2.749096 2.357396 3.140796
3 2.751226 2.360142 3.142310
4 2.753356 2.362888 3.143825
5 2.755486 2.365633 3.145340
6 2.757616 2.368378 3.146855
```

となる。

ggplot では geom_smooth という関数があり、信頼区間を濃い色で表示し、predict によって求めた上限、加減を線で結んでいる。次のプログラムを実行してみよ。

```
> test <- cbind(test,y2)
> ggplot(data=train,aes(x=x,y=y))+geom_point( )+
+   geom_smooth(formula = y~x,method="lm")+
+   geom_line(data=test,aes(x=x,y=lwr),color="red")+
+   geom_line(data=test,aes(x=x,y=upr),color="red")
```

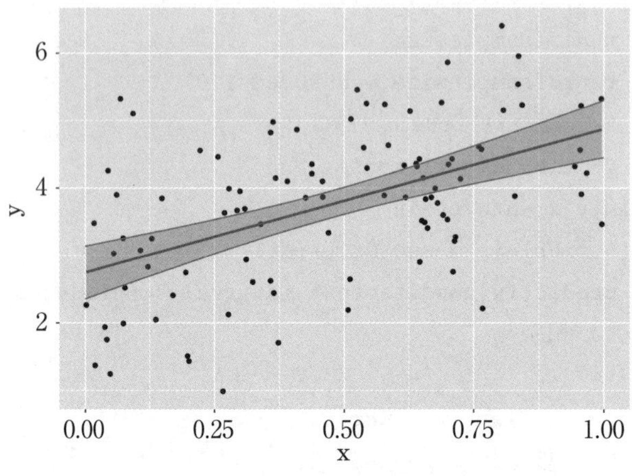


図 9-5　信頼区間の表示

## 5.　まとめと展望

ここでは、説明変数の線形結合によって表される線形回帰について述べた。R を用いるとサンプルサイズの値を変えたり、与えるノイズと精度がどうなるのかといったことを調べることができる。

後半では $a = 0$、$b = 0$、として観測データを作成し、分布を作成した。統計的仮説検定で低い $p$ 値が得られると仮説を棄却するが、低い $p$ 値は確率が低いということであり、全く起こらないということではない。今回の計算で分布が再現できたということは滅多に起きないことも低い確率で起こっていたということが確認できる。

もちろん、こういうことができるのは、統計的な性質を満たすような乱数が用意されたシミュレーション環境だからこそできることで、現実の世界においては行えるわけではないが、それでも、手法を理解するという意味では非常に有効だと思うので色々と試してほしい。

実データにおいては、逆行列を持つ場合であっても 行列式が正確に 0 になるわけではないが、とても小さいというような場合に、信頼性が低くなることがある。これを**多重共線性**という。そして、説明変数を選ぶ段階で、ある程度それぞれの関係について知っておく必要がある。説明変数同士がどのような関係にあるのかを調べる手法として、主成分分析があり、それについては第 12 章で述べる。

## 参考文献

[1] 日本統計学会,“統計学基礎： 日本統計学会公式認定統計検定 2 級対応”, “東京図書”,2021

[2] 中谷, 秀洋,“わけがわかる機械学習：現実の問題を解くために、しくみを理解する”, 技術評論社,2019

[3] C. M. Bishop, 元田浩, 栗田多喜夫, 樋口知之, 松本裕治, 村田昇, “パターン認識と機械学習：ベイズ理論による統計的予測（上下）”, 丸善出版,2012

## 演習

多項式近似を行うプログラムにおいて、以下のようにすると sin 関数で近似を行うことができる。ここをさまざまな関数に変えて行ってみよ。

```
> func_sin <- function(a,x) sin(a*x)
> func_phi_sin <- function(a,x_n){
+   phi <- vector("list",length=a)
+   phi <- map(1:a,func_sin,x=x_n)
+   phi <- matrix(unlist(phi),ncol=a)
+   colnames(phi) <- str_c("x",1:a)
+   phi <- as_tibble(phi)
+ }
```

# 10 回帰分析（3）

**《目標＆ポイント》** 最尤（さいゆう）法について述べ、予測誤差が正規分布に従うとした場合に最小二乗法による線形回帰と最尤法とが一致することを説明する。その後ロジスティック回帰について説明する。また，観測されたデータを訓練用と検証用に分ける方法について述べる。

**《キーワード》** 最尤法、尤度関数、ロジスティック回帰、交差検証法

## 1. 最尤法

ある観測によってデータが得られ、回帰係数が求まる。$a = 0$ と仮定して実際の値が観測される確率を求め、この値が小さいときに、滅多にないことがたまたま起こったのではなく、$a \neq 0$ と判断するというのが統計的仮説検定である。

第 9 章では多くの正規乱数を発生させるという試行を複数回行うことでデータから導出される回帰係数の値が t 分布 になることを確認した。有意水準として $p = 0.05$ とすることが多いが、有意水準 0.05 は $a = 0$ と仮定しても約 20 回に 1 度は起こることであることをシミュレーションで確認したい。このようなことはコンピュータシミュレーションだから行うことができるが、現実世界においては、きちんと条件を揃えた実験を何度も行うことができるとは限らない。

そこで、別の考え方を導入しよう。例えば、コイントスを 5 回行い 3 回表が出たとする。このとき、表が出る確率はいくつであると考えると

よいだろうか。もし、確率が $p$ であるとすると、表が 3 回出る確率は

$$P(F = 4) = {}_5\mathrm{C}_3 p^3 (1 - p)^2 = 10(p^5 - 2p^4 + p^3)$$

である。これをグラフに書くと図 10-1 のようになる。

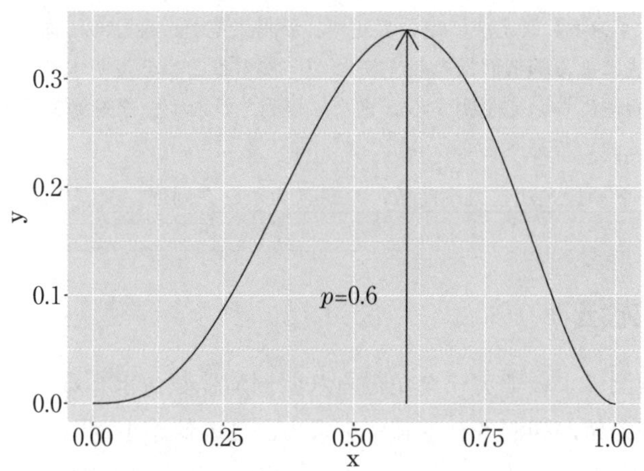


**図 10-1　コイントスの二項分布の尤度関数**

グラフでは、$p = \dfrac{3}{5} = 0.6$ で尤度は最大になっている。このように、今、母集団に対して確率分布を仮定し、観測されたデータを生み出す尤もらしさが最大となるような値を推測値とする。

これはパラメータがどんな値であれば、観測された結果が生じるのかを表す関数になっている。これを**尤度関数**という。結果が観測される尤もらしさが最大になるようなパラメータを求める。これによって推測されるパラメータを**最尤推定量**という。

線形回帰について考えてみよう。$N$ 組のデータ $(x^{(i)}, y^{(i)})$ があるとする。今、$\$Y = aX + b + \epsilon$ が成り立つかどうかを調べる。ここで、$\epsilon$ は平

均 0、分散 $\sigma^2$ に正規分布に従うとする。すると、ある $x^{(i)}$ のときに値が $y^{(i)}$ になる確率密度は $y^{(i)} - (ax^{(i)} + b)$ が平均 0、分散 $\sigma^2$ の 正規分布に従うとして、

$$p^{(i)} = \frac{1}{\sqrt{2\pi}\sigma} \exp - \left\{ \frac{\left(y^{(i)} - (ax^{(i)} + b)\right)^2}{2\sigma^2} \right\} \tag{10.1}$$

となる。各回が独立と考えると、$N$ 個の観測値が求まる確率密度は $p^{(i)}$ の積によって

$$L(a,b) = p^{(1)} p^{(2)} \cdots p^{(N)} = \prod_{i=1}^{N} p^{(i)} \tag{10.2}$$

となるので、この値が最大になる $a$、$b$ を求めることになる。そのために、この自然対数 $\log_e f(x)$ を考えよう。また、$x < 1$ で log は負になるので $-1$ 倍して $-\log L(a,b)$ を考える。自然対数 $y = \log x$ は $x$ が増加すれば $y$ も単調に増加する関数なので、$L(a,b)$ が最大になるとき、$-\log L(a,b)$ は最小になる。これを計算すると

$$\begin{aligned}
-\log L(a,b) &= \log \prod_{i=1}^{N} p^{(i)} \\
&= -\sum_{i=1}^{N} \log p^{(i)} \\
&= -\sum_{i=1}^{N} \log \left( \frac{1}{\sqrt{2\pi}\sigma} \exp - \frac{\left(y^{(i)} - (ax^{(i)} + b)\right)^2}{2\sigma^2} \right) \\
&= \sum_{i=1}^{N} \log \sqrt{2\pi}\sigma - \log \exp \left( - \frac{\left(y^{(i)} - (ax^{(i)} + b)\right)^2}{2\sigma^2} \right) \\
&= N \log \sqrt{2\pi}\sigma + \frac{1}{2\sigma^2} \sum_{i=1}^{N} \left((y^{(i)} - (ax^{(i)} + b)\right)^2
\end{aligned} \tag{10.3}$$

となる。これより、

$$\sum_{i}^{N}\left((y^{(i)}-(ax^{(i)}+b)\right)^2$$

が最小になるような $a$、$b$ を求めることになる。このように、予測誤差が正規分布に従うとすると最尤法と最小二乗法とで推定値は一致する。

この章の最初の例では lm による回帰分析を行った。その結果のリストには residuals で残差がある。このヒストグラムを見てみよう。

```
> ggplot()+
+   geom_histogram(aes(x=w$residuals,
+                      y=after_stat(density)),bins=15)
```

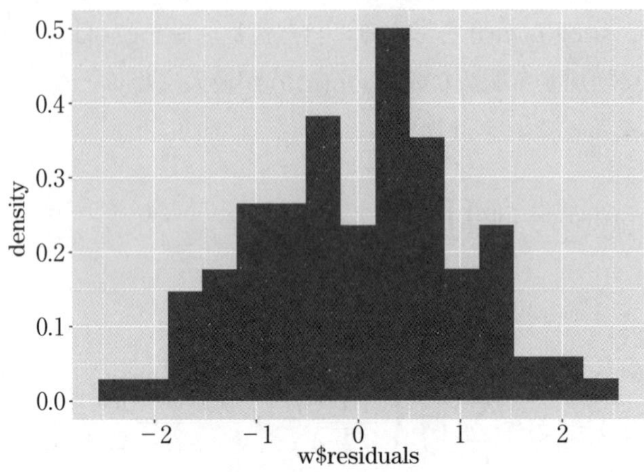


**図 10-2　残差のヒストグラム**(サンプルサイズが小さいので bins=15 としている)

これを見ると正規分布に近い形をしている。この他に誤差が正規分布になっているかどうかを見るための方法として Q-Q プロットというものがある。正規分布に従うサンプルサイズ $N$ 個のデータがあるとし、これが小さい順に整列しているものとする。データの $i$ 番目の値と 正規分布の $i$ 番目までの分位点となる $x$ 座標と比較する。

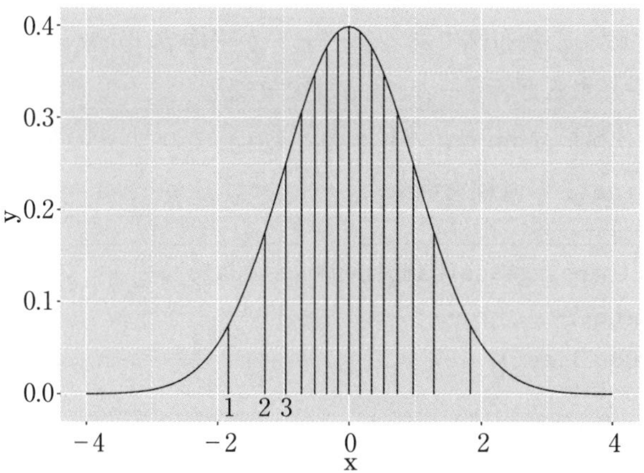


図 10-3　$N$ 個の $x$ 座標（求め方は本文参照）

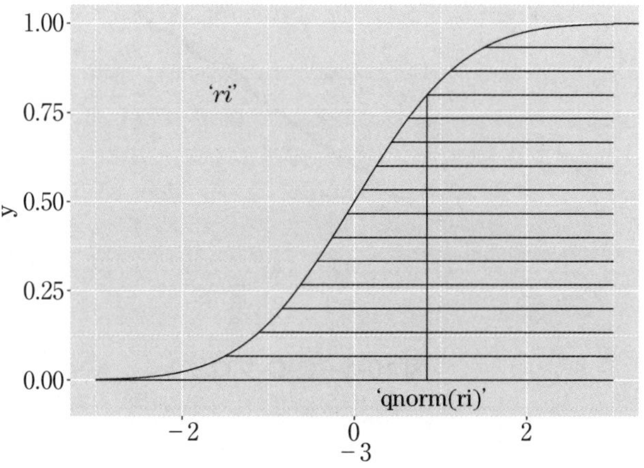


図 10-4　Q-Q プロットの x 座標

この $i$ 番目の $x$ 座標は累積正規分布の $y$ 座標を等間隔に $N$ 等分したときの 下から $i$ 番目の点の $x$ 座標 であり、qnorm() という関数で求めることができる。

Q-Q プロットは 上記のようにして求めた $x$ 座標と 元のデータを $y$ 座標にして比較した散布図である。データが平均 $\mu$、分散 $\sigma^2$ の正規分布に従っているとすると、$y = \sigma x + \mu$ 上にのる。

ggplot では geom_qq() すると、Q-Q プロットの散布図を描き、geom_gg_line() で直線を引く。

```
> ggplot(mapping=aes(sample=w$residuals))+
+    geom_qq()+
+    geom_qq_line()
```

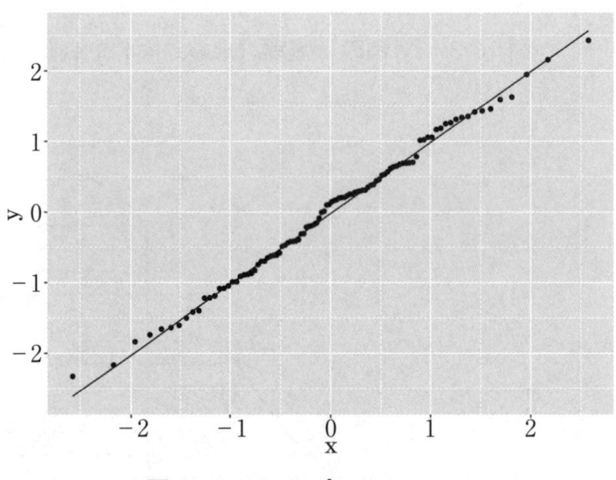


図 10-5　Q-Q プロット

$x$ 座標を求めてみよう。R ではデータ数が $N$ とすると $i$ 番目の $y$ 座標は

$$y_i = \frac{i-a}{N+1-2a} \tag{10.4}$$

として計算している。$a$ は $N \leqq 10$ のとき $\frac{3}{8}$、それより大きいときは $\frac{1}{2}$ である。$x$ 座標は qnorm で求められる。データが整列されているとは限らない。R では rank() という関数があり、小さい順の順位を返す。もし同じ値があった場合には、順位を平均する。

```
> x <- c(6,2,8,8,4)
> rank(x)

[1] 3.0 1.0 4.5 4.5 2.0
```

これを用いると $x$ 座標は

```
> x <- ((rank(w$residuals)- 0.5)/length(w$residuals))%>%
+   qnorm()
> head(x)

          1           2           3           4           5
 0.06270678  0.53883603 -1.81191067 -2.17009038  1.10306256
          6
 1.43953147
```

として求めることができる。

## 2. ロジスティック回帰

ある授業を履修する。その授業の単位を取ることと放送授業をどれだけ閲覧するかの関係を知りたいとしよう。ネット配信であれば、サーバにログが残り、それぞれの学生の閲覧時間が集計できる。おそらく放送授業を見た方が単位を取る確率は高くなると思われる。確率は高くても偶然失敗してしまうこともある。放送授業を全く見なければ単位を取る確率は低くなる。それでも合格することもあるかもしれない。観察を通して得られるデータは閲覧時間と単位を取得したかどうかであり、この確率にあたるものを想像することはできない。

次の例はこのような状況をモデル化したものである。実際に行う場合は a や b を変更して試してほしい。

```
> set.seed(100)
> N <- 250
> xmin <- 0
> xmax<- 10
> x<- runif(N,xmin,xmax)
> a <- -10
> b <- 2
> p <-  exp(a+b*x) / ( 1+exp(a + b*x) )
> y <- vector("numeric",length=N)
> for(i in 1:N){
+   y[i] <- rbinom(1,size=1,prob=p[i])
+ }
> train <- tibble(x=x,y=y)
> ggplot(data=train,aes(x=x,y=y))+geom_point()
```

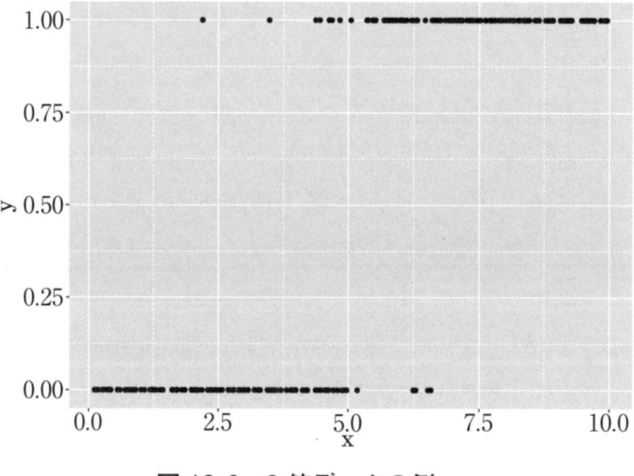


**図 10-6　2 値データの例**

ある事象が起こる確率を $p$ とするとき、その事象が起こらない確率 $1-p$ との比 $\dfrac{p}{1-p}$ を**オッズ**といい、この対数をとった値 $\log\left(\dfrac{p}{1-p}\right)$ を**ロジット**という。このロジットについて

$$\log\left(\frac{p}{1-p}\right) = a_0 + a_1x_1 + a_2x_2 + \cdots + a_nx_n \qquad (10.5)$$

で表されるモデルを**ロジスティック回帰**という。$\log\left(\frac{p}{1-p}\right) = x$ とすると

$$p = \frac{\exp(x)}{1+\exp(x)} = \frac{1}{1+\exp(-x)} \qquad (10.6)$$

となる。先ほどの図の例は一変数のロジスティック回帰となる。

$$p = \frac{\exp(a+bx)}{1+\exp(a+bx)}$$

$a$、$b$ を変えて図を書くと次のようになる。

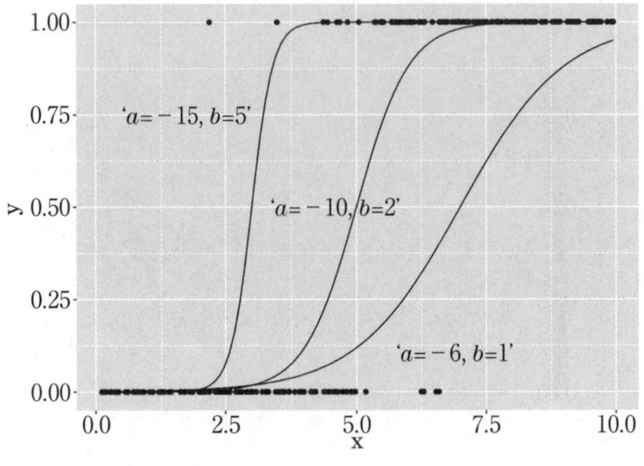


図 10-7　ロジスティック曲線

この $a$、$b$ を最尤法を用いて解いてみよう。R で最尤法を用いるには glm という関数を用いる。glm では確率分布

```
> b_lm1 <- glm(y~x,data=train,family=binomial)
> b_lm1



Call:  glm(formula = y ~ x, family = binomial, data = train)


Coefficients:
(Intercept)            x
     -9.522        1.899


Degrees of Freedom: 249 Total (i.e. Null);  248 Residual
Null Deviance:      346.5
```

```
Residual Deviance: 86.15     AIC: 90.15
```

真の値に近い値を推定していることが見て取れる。最尤推定では大数尤度と予測に用いたパラメータ数から **AIC 情報量基準** (Akaike's Information Criteria) が計算され、これが最小となるモデルを選ぶ。例えば、今回の例では `y~x` の代わりに `y~1`($a = 0$ を想定したモデル) や `y~x-1`($b = 0$ としたモデル) と比較してみることができる。結果から確率を予測するには `predict` を利用することができる。使う確率分布によって、出力の `type` が異なり、二項分布の場合には `response` とすると確率を求めてくれる。

```
> M <- 200
> test <- tibble(x = seq(xmin,xmax,(xmax-xmin)/(M+1) ) )
> y <- predict(b_lm1, newdata=test, type="response" )
> test <- test %>% mutate(y=y)
> ggplot(data=train,aes(x=x,y=y))+geom_point()+
+   geom_point(data=test,aes(x=x,y=y),size=0.1)
```

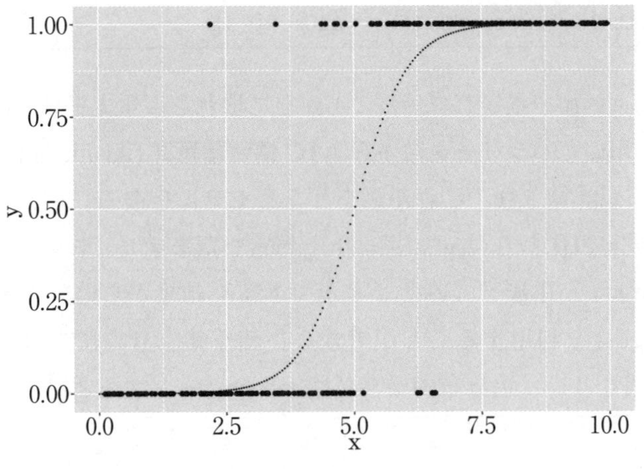


図 10-8　最尤法による予測

## 3. サンプル抽出

今までは乱数を発生させて繰り返し計算するということをしてきたが、現実の世界では同じことを繰り返して観察することができないことも多い。そして限られた回数のデータをもとにサンプルから**予測**を行い、その精度を評価する。そのためには回帰係数を求めるといった**予測器**を生成するための**訓練** (training ) 用のデータと、その精度を評価するための**検証**（validation）用のデータが必要となる。データ数が多ければ、7 割 3 割といった割合で分ければよい。これを**ホールドアウト法** (hold-out method) という。

また、データ数を $k$ 個に分割し、そのうちの $k-1$ 個を訓練用に 1 個を検証用にする。ここで、検証を $k$ 回繰り返した検証結果を平均して評価するという方法もある。これを **k 交差検証法**（k-cross validation）という。$k$ 回の検証を行うことで、どのデータも訓練、検証の両方に用いられることになる。iris は R にあらかじめインストールされているデータセットで、あやめの花のデータである。3 種類の種があり、がく片（Sepal）の幅と長さ花びら（Petal）の幅と長さのデータが与えられている。外見の特徴から種を分類する例などに 用いられる。

```
> head(iris)

  Sepal.Length Sepal.Width Petal.Length Petal.Width Species
1          5.1         3.5          1.4         0.2  setosa
2          4.9         3.0          1.4         0.2  setosa
3          4.7         3.2          1.3         0.2  setosa
4          4.6         3.1          1.5         0.2  setosa
5          5.0         3.6          1.4         0.2  setosa
6          5.4         3.9          1.7         0.4  setosa

> nrow(iris)

[1] 150
```

R でこのデータを訓練用と検証用に分ける方法を考える。データ数は 150 行で 50 個ごとに同じ種が続いている。ランダムに 120 個抽出したい。有限個の要素の中からランダムに抽出する関数として R には sample という関数がある。要素抽出には、「カードを引いても戻さない」ような**非復元抽出**と「コインを繰り返しトスする」ような**復元抽出**の 2 種類がある。何も指定しないと非復元抽出になる。非復元抽出は戻さないので指定したデータの個数以上の抽出はできない。

```
> set.seed(0)
```

```
> x <- sample(1:150,120)
```

復元抽出は replace=TRUE とする。また、prob で確率分布を指定できる。

次の例は表と裏が等間隔でない場合のコイントスを 100 回行って回数を数えたものである。

```
> set.seed(64)
> sample(1:2,100,replace=TRUE,prob=c(2/5,3/5)) %>% table()


.
 1  2
51 49
```

iris はデータフレーム形式をしているので、先ほど抽出した x の行だけ取り出したものを訓練用にして、それ以外の行を 検証用にする。

```
> train <- iris[x,]
> test <- iris[-x,]
```

次に 5 個のグループに分けることを考えよう。1 つのグループに入る個数は 30 個。1 から 5 を 30 個作り、150 個の要素から非復元抽出でランダムに全て取り出すことをすれば全部の要素にランダムにグループ番号を割り当てることができる。a==1 とすると値が 1 の行だけ TRUE になるので、iris[a==1,] とするとこの操作で 1 のグループに割り当てられた行のみ抽出することになる。

```
> a <- rep(1:5,each=30)
```

```
> a <- sample(a)
> iris[a == 1, ] %>% head()

   Sepal.Length Sepal.Width Petal.Length Petal.Width
9           4.4         2.9          1.4         0.2
15          5.8         4.0          1.2         0.2
18          5.1         3.5          1.4         0.3
23          4.6         3.6          1.0         0.2
32          5.4         3.4          1.5         0.4
38          4.9         3.6          1.4         0.1
   Species
9   setosa
15  setosa
18  setosa
23  setosa
32  setosa
38  setosa
```

for 文を使うと繰り返し行うことができる。

```
> for(i in 1:5){
+   train <- iris[a != i,]
+   test <- iris[a == i,]
+ }
```

## 4.　まとめと展望

1 変数の回帰分析から変数を増やした最小 2 乗法による回帰分析について説明し、最後に最尤推定について述べた。今回は二項分布の例を示したが、現実の世界が理想的な二項分布で表されるとは限らず、観測されたデータをもとに分布を推定するベイズ統計を用いる方法もある。そこへの展開は参考文献の [1] がよく知られている。一般化線形回帰については参考文献の [2] がある。R でベイズ統計を行う方法を説明する本として参考文献の [3] がある。

## 参考文献

[1] C. M. Bishop, 元田浩, 栗田多喜夫, 樋口知之, 松本裕治, 村田昇, "パターン認識と機械学習：ベイズ理論による統計的予測（上下）", 丸善出版,2012

[2] 久保拓弥,"データ解析のための統計モデリング入門:一般化線形モデル・階層ベイズモデル・MCMC", 岩波書店,2012,

[3] 馬場真哉,"R と Stan ではじめるベイズ統計モデリングによるデータ分析入門", 講談社,2019

## 演習

パイプ処理を行い、スクリプトを残しておけば変数を減らすことができる。紙面を減らす意味で、あえて文字数を減らしているが、本来変数を設定するのであれば、どういう変数かが後からわかるようにしておく方がよい。特に関数は後から使うことが多いので、名前自体がすぐ思い出せた方がよい。変数名が長くても、R では補完機能があるので、途中までタイプした後にタブキーを押せば候補が表示されるか、候補が 1 つならば最後まで補完される。k 交差検証法では別の a という変数を設定したが、グループもデータフレームの列にするという方法もある。データセットを同じ名前で変形するのは気が引けるので別名にしておくと、次のように抽出することができる。

```
> a <- rep(1:5,each=30)
> a <- sample(a)
> df_iris <- iris %>%
+   mutate(group =sample( rep(1:5,each=30) ) )
> df_iris %>% filter(group !=1) %>% head()

  Sepal.Length Sepal.Width Petal.Length Petal.Width Species
1          5.1         3.5          1.4         0.2  setosa
2          4.7         3.2          1.3         0.2  setosa
3          4.6         3.1          1.5         0.2  setosa
4          5.0         3.6          1.4         0.2  setosa
5          5.4         3.9          1.7         0.4  setosa
6          4.6         3.4          1.4         0.3  setosa
  group
1     2
2     5
3     5
4     3
5     4
6     3
```

# 11 ニューラルネットワーク

**《目標＆ポイント》** 人は学習することで、最初はできないこと・機能を後から獲得することができる。学習をモデル化し、データをもとに機械がその関係を学ぶ機械学習について、ニューラルネットワークを例に述べる。データからルールを学び予測する方法について説明する。

**《キーワード》** 機械学習、最急降下法、汎化、過学習

## 1.　神経細胞の振る舞いとニューロンのモデル

脳は**神経細胞**、または**ニューロン** (neuron) が互いにつながり、大規模なネットワークを形成している。このネットワークを**神経回路網**または、**ニューラルネットワーク** (neural network) という。ニューロンは、一定以上の刺激を受けると「活動電位」と呼ばれる電気パルスを発生する。発生した電気パルスは**軸索** (axon) と呼ばれる電気ケーブル上を伝播する。発生した電気パルスはこの伝播の過程において成形され、ほぼ一定の大きさになる。

ニューロンから伸びた軸索は途中枝分かれしながら、その終末では、**シナプス** (synapse) と呼ばれる結合点で他のニューロンの細胞体や樹状突起につながっている。この結合を**シナプス結合**という。一般的なシナプスでは化学伝達物質を介して、他のニューロンへ情報を伝える (図 11-1)。

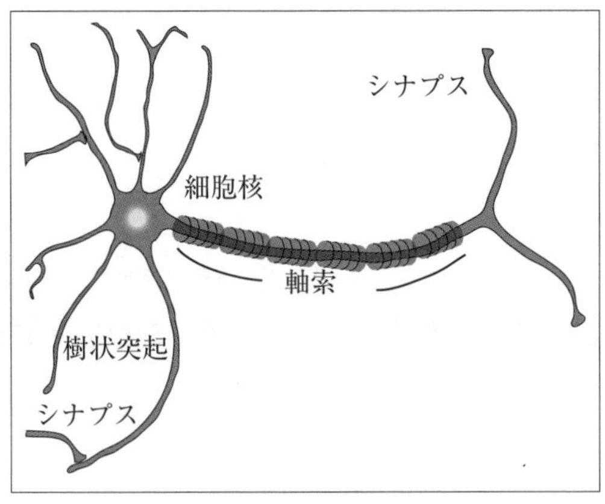


**図 11-1　神経細胞の模式図**

神経細胞の振る舞いをまとめると次のようになる。

1）神経細胞は複数のパルスを受け取り複数のパルスを発生させる。そのパルスの個数の変化のさせ方が神経細胞の特徴である。
2）神経細胞にはしきい値があり、神経細胞の振る舞いを特徴付ける変数の１つである。
3）到着したパルスが神経細胞にどう影響を与えるかを決めるのがシナプスであり、この伝達効率が変わることで人は学習していると考えられている。

これをモデル化することを考える。パルス１つではなく、ある時間幅の中にどれだけの電気パルスが来たのかという発火の割合を考えてみよう。神経細胞には $n$ 個の入力があると考える。入力ごとに重みづけをして合計し、その値によって出力の割合が変化すると考える。こうすると

ニューロンの振る舞いは

$$u = \sum_{i=1}^{n} w_i x_i - \theta \tag{11.1}$$
$$y = f(u)$$

と書くことができる。ここで、$\theta$ はしきい値を表すパラメータであるとする。この $f$ としては代表的なものとしては**シグモイド関数**や **ReLU 関数** (Rectified Line Unit) が用いられる。

$$\mathrm{sigmoid}(u) = \frac{1}{1+\exp(-au)} \tag{11.2}$$

$$\mathrm{relu}(u) = \begin{cases} u & u \geq 0 \\ 0 & u < 0 \end{cases} \tag{11.3}$$

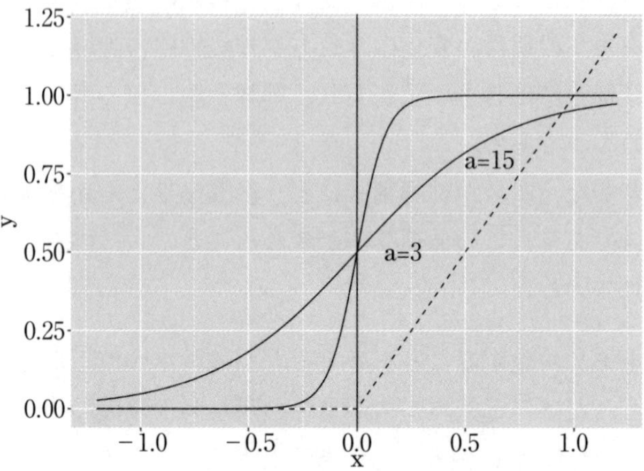


図 11-2　シグモイド関数と ReLU 関数

シグモイド関数は図 11-2 に示すような S 字型の関数である。$a$ の値が大きくなると、$u \geq 0$ であれば出力がほぼ 1、$u < 0$ であれば出力としてはほぼ 0 というように、2 値のニューロンのモデルと似た振る舞いを示すこともできる。

シグモイド関数は微分すると、

$$f'(u) = af(u)(1 - f(u)) \tag{11.4}$$

となる。このように、シグモイド関数は $a$ の値によって、階段関数や直線に近い関数へと変えることができ、また階段関数とは違って微分できるという特徴がある。

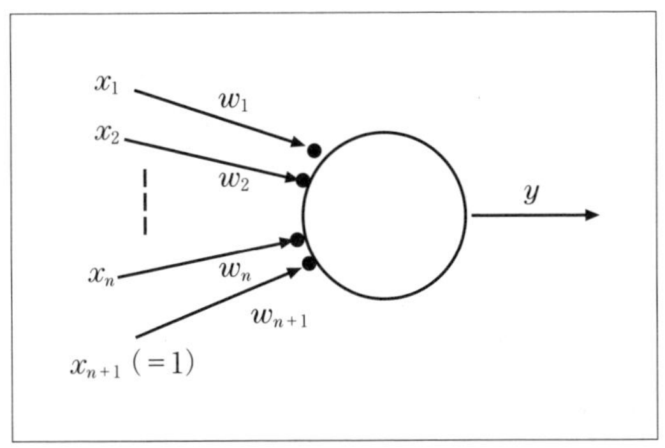


**図 11-3　ニューロンのモデル**
しきい値の分だけ入力を増やしてある。

## 2. バックプロパゲーション

ここでは1987年にラメルハート (**D.Rumelhart**) によって提案されたバックプロパゲーションというモデルについて説明する。この学習則を用いると出力層だけでなく、入力層から中間層へとつながる結合についても学習することができる。後に行うシミュレーションにおいては3層のネットワークを扱うので、図11-4に示すようなニューラルネットワークをもとに説明する。

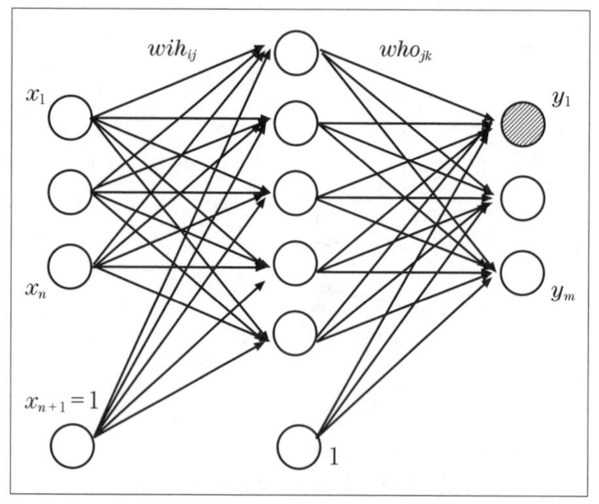


**図11-4 誤差逆伝播法のネットワーク**

$wih$ は入力 (Input) から中間層 (Hidden) の結合、$who$ は中間層 (Hidden) から出力層 (Output) への結合という意味で書いている。

今、入力の個数が $n$ 個 (しきい値を含めて $n+1$ 個)、出力が $m$ 個であるとする。さらに例題の数が $N$ 個あるとしよう。p 番目 の入力 $x^{(p)}$ に対して、ニューラルネットワークの出力を $y^{(p)}$、一方、本来出力してほ

しい値 (これを**教師信号**という) を $\hat{y}^{(p)}$ とする。ここで、$p$ は $p$ 番目の例題を意味することとする。

つまり、

$$\mathbf{x}^{(p)} = \begin{pmatrix} x_1^{(p)} \\ x_2^{(p)} \\ \vdots \\ x_n^{(p)} \\ x_{n+1}^{(p)}(=1) \end{pmatrix}, \mathbf{y}^{(p)} = \begin{pmatrix} y_1^{(p)} \\ y_2^{(p)} \\ \vdots \\ y_m^{(p)} \end{pmatrix}, \hat{\mathbf{y}}^{(p)} = \begin{pmatrix} \hat{y}_1^{(p)} \\ \hat{y}_2^{(p)} \\ \vdots \\ \hat{y}_m^{(p)} \end{pmatrix} \tag{11.5}$$

である。このとき、バックプロパゲーション法では出力と教師信号との誤差の 2 乗を最小にしようとして学習する。

$$E_p = \sum_{k=1}^{m}(y_k^{(p)} - \hat{y}_k^{(p)})^2$$

$$E = \sum_{p=1}^{N} E_p \tag{11.6}$$

このとき、結合荷重 $w_i(wih_{ij}$ や $who_{jk})$ の 修正量 $\Delta w_i$ は誤差 $E$ を偏微分した値を用いて

$$\Delta w_i = -\epsilon \frac{\partial E}{\partial w_i} \tag{11.7}$$

のように修正する。ここで $\epsilon$ は修正する大きさを決める変数である。

偏微分とは他の変数は無視して、その変数を変化させたときの関数の変化の量を表しているので、この値が正ということは、結合荷重を少し増やすと誤差が増えるということを意味している。逆にその値が負であれば、結合荷重を増やすと 誤差が減るということである。どちらにしても、偏微分した値の逆の方向に結合荷重を変化させるということは、必ず誤差を減らす (偏微分の値が 0 になって変化しない場合を含めて正確

に言うと増やさない) 方向に変化させることを意味している。これは誤差の曲面に対して最も急な傾斜の方向へと修正を行うことから、**最急降下法** (gradient descent method) という。

そこで、結合荷重に対する 2 乗誤差が図 11-5 のように表せるとして、この学習のメカニズムについて考えてみよう。先ほど計算した偏微分はその点における接線の方向に変化する。例えば点 $A$ から出発すると必ず誤差を増やさない方向に変化するので徐々に $w$ を増加させていく。$\epsilon$ が十分小さい値であれば、$L_1$ の地点では偏微分の値が 0 になるので、変化しなくなる。同様に点 $C$ からスタートしたときには $L_2$ の地点で学習が終わる。このように、最急降下法では必ずしも誤差が全体の最小値ではなく、局所的な最小値 (極小値) で学習が終了するという欠点がある。

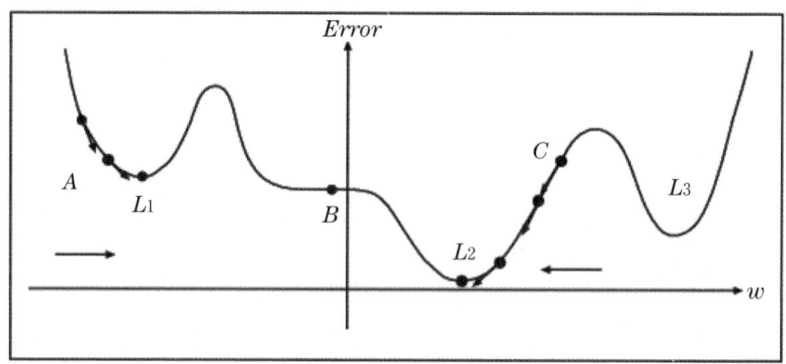


**図 11-5　最急降下法のメカニズム**

また、点 $B$ は極小値ではないが、その場において偏微分の値が 0 になるところである。このような平坦な場でも学習が進まなくなるということが起こる。このような平坦な場を**プラトー** (plateau) という。

式 (11.6) は出力層の場合には単純に計算することができる。また、誤

差 $E$ の中間層 $wih$ による偏微分の値についても合成関数の偏微分 (連鎖律) の知識をもとに計算することができる (その計算の詳細については省略する)。中間層が複数ある場合であっても同様に計算することができる。その際、偏微分の値は出力層に近い方から計算し、出力層に近い中間層から入力層へ向かって逆方向へ順番に計算していく。このように、誤差の情報が逆方向に伝わっていくことから、この学習則を**バックプロパゲーション** (back propagation)(または**誤差逆伝播法**) という。

## 3.　汎化能力と過学習

ニューラルネットワークを用いて学習することのメリットとは、例題を用いて学習し、学習の結果、例題以外の問題に対しても望むような出力を出すことである。これを**汎化** (generalization) 能力という。汎化能力について、図をもとに考えてみよう。

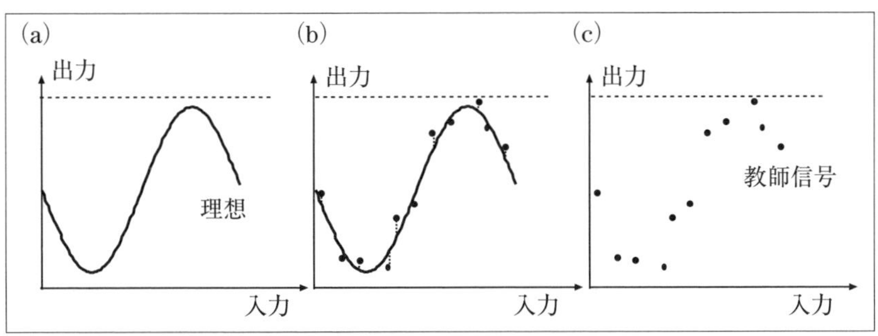


**図 11-6　ノイズを含んだ教師信号**

ニューラルネットワークは、0 から 1 の値を取る多入力多出力の関数であると考えることができる。例として 1 入力 1 出力であるとし、横軸を入力、縦軸をネットワークの出力であるとする。例題をもとに図 11-6(a)

のような sin 曲線になるような関数にしたいとしても、必ずしも多くのサンプルが得られるとは限らない。また、その限られたサンプルも必ずしも正確な値とは限らず誤差を含むということもあるだろう（図 11-6(c)）。

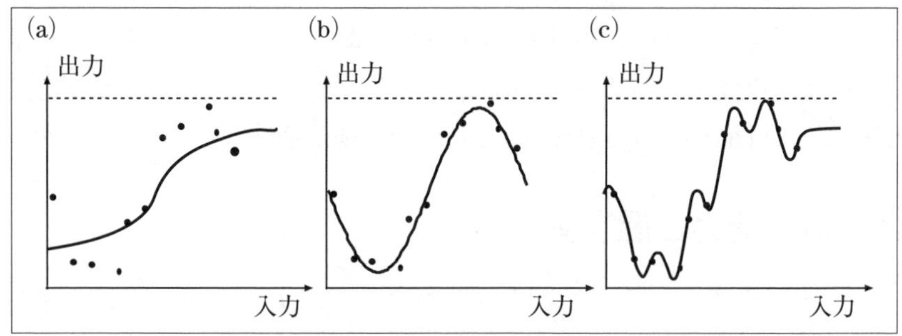


**図 11-7　汎化と過学習**

(a) 十分な学習ができていない。(c) 過学習。

図 11-7 (a) はそもそも学習ができていない場合である。極小値やプラトーなど、途中で学習がストップしてしまった場合やそもそも中間層が少ない場合などに起こる。

一方、中間層の個数を増やしていくと、ネットワークとして表現できる能力があがっていき、ノイズの部分まで正確に訓練してしまい、図 11-7(c) のように汎化能力が下がってしまう。実際のデータにおいても、例題に対する学習は非常に小さいが、未学習の検証データに対する誤差が大きくなるということが起こる。このように訓練データに過度に適合してしまう状態を**過学習** (overfitting) という。

実際にバックプロパゲーションを行う場合には、中間層が大きすぎると過学習が起こりうるので、例題に対する訓練誤差が十分少なくなるネットワークのうち、サイズの最も小さいネットワークが用いられる。しかし、あらかじめ、中間層をどのぐらいの個数にするべきかがわかるということはあまりなく、ある程度試行錯誤が必要となる。

このようにニューラルネットワークは例題の中に隠れたルールを自動的に見つけ、例題以外の入力に対しても正解を導いてくれる可能性を有している。こうしたルールとは、単に回帰分析で行ったような線形な関係だけでなく、非線形であってもよい。

## 4. Rによるシミュレーション

バックプロパゲーションのしくみやその特徴について述べた。そこで、次にRを用いて実際のデータに適用してみよう。ここでは、nnetというパッケージを使う。library(nnet)でパッケージを読み出し、そのパッケージに含まれるnnetという関数で学習をし、predictという関数を用いて、学習したネットワークが検証用の入力に対してどのような出力をするのかをチェックする。具体的な手順は以下の通り。第9章で用いたsinカーブを 使うことにしよう。ただし、$y$の範囲が0から1になるように変更する。

```
> df_train <- df_train %>% mutate(y2 = (y+1)/2)
```

1) 学習を行う。

3層のニューラルネットワークのパッケージとしてnnetがある。nnetはnnet(**目的変数~説明変数、データ、中間層の数、最大学習回数**)という形で引数を指定する。sizeが中間層の個数、maxitが最大の学習回数となる。学習は誤差がある程度小さくなるか 最大学習回数に達するまで繰り返す。

```
> library(nnet)
> set.seed(10)
> sin1 <- nnet(y2~x1,data=df_train,size=5,maxit=1000)

# weights:  16
initial  value 2.543807
iter  10 value 0.372496
iter  20 value 0.329180
iter  30 value 0.260288
iter  40 value 0.203294
(以下略)
```

2) 予測を行う。

上記の作業によってできた sin1 には学習後の結合荷重の値が含まれている。このネットワークを用いて検証用のデータで予測値を計算する。predict() を用いる。

```
> yosoku1 <-predict(sin1,newdata=df_test,type="raw")
> df_test <- df_test %>% mutate(nn_y=yosoku1[,1])
```

ここで raw とは出力が実際の値である（クラス分けではない）ことを意味している。

次のグラフは sin 関数を定義して，そこに訓練データと検証データを重ねて書いている。

```
> func_sin2 <- function(a,b,c,x) a*sin(b*x)+c
> ggplot() + xlim(0,1)+
+    geom_function(fun =func_sin2,
```

```
+                      args=list(a=1/2,b=2*pi,c=0.5),
+                      col="gray60")+
+      geom_point(data=df_train,aes(x=x1, y=y2) ) +
+      geom_line(data=df_test,aes(x=x1, y=nn_y) )
```

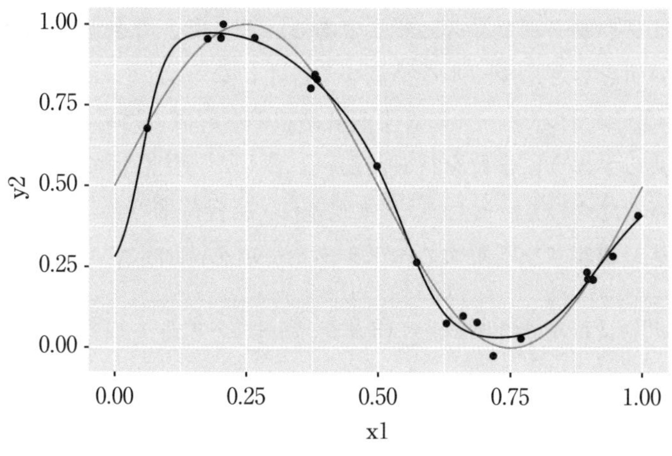


図 11-8　nnet による予測

初期値がランダムに割り当てられるので、毎回必ずこのような結果になるわけではない。サンプルデータや中間層の個数を変えて試してみよう。

## 5.　まとめと展望

ニューラルネットワークを用いた教師あり学習について述べた。ニューラルネットワークを用いることのメリットとは、

1）入力と正解のペアである例題をもとにして自動的に学習してくれること。

2) 1つ1つの入出力を覚えるのではなく、適切な結合荷重の値を覚えることによって覚える容量を少なくすることができる。
3) 例題以外の入力に関しても妥当な答えを出す。

といったメリットがある。しかし一方で、例題をもとにルールを再現してくれる入出力装置ではあるが、そのルールが具体的にどうであるかについてはブラックボックスのままである。そこで、でき上がった結合荷重などの値をもとにルールを推測することになる。

また, ここではパターンに対する2乗誤差を評価のための関数として、これを減らすように学習を行ったが、こうした方法だけでなく、汎化能力を高めるための方法として、2乗誤差に、結合荷重の大きさなどのネットワークの複雑さを制限するペナルティー項を付加して

$$(\text{誤差評価関数}) = (2\,\text{乗誤差}) + (\text{ペナルティ項})$$

をもとに学習を行うことで枝刈りを行う方法も提案されている。

また、今回は主に予測の問題について扱ったが、バックプロパゲーションは予測以外にも判別の問題に応用することもできる。

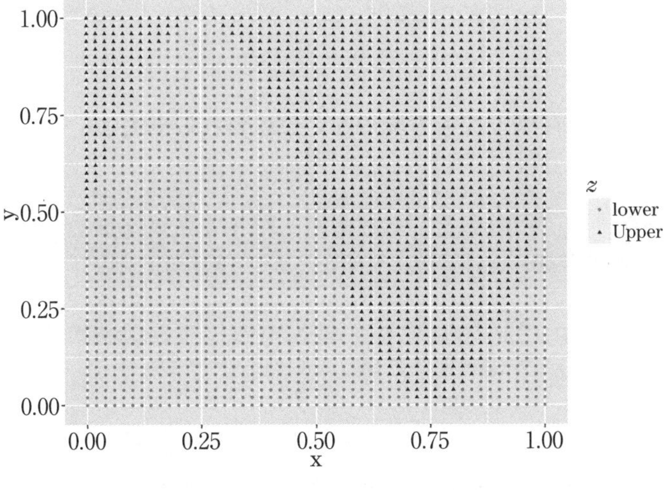


**図 11-9　nnet による分類の例**

nnet というライブラリを用いる場合には、predict という関数で判別した値を出力する場合に、type="class" と指定することで判別の問題にも利用することができる。

## 参考文献

[1] 金明哲,“R によるデータサイエンス (第 2 版)”, 森北出版,2017

[2] C. M. Bishop, 元田浩, 栗田多喜夫, 樋口知之, 松本裕治, 村田昇, “パターン認識と機械学習：ベイズ理論による統計的予測（上下）”, 丸善出版,2012

[3] Chollet Franois,J. J. Allaire（著） 長尾高弘, 瀬戸山雅人（訳）, “R と Keras によるディープラーニング”, オライリー・ジャパン,2018

## 演習

例題をもとに学習しても意味のないと思われる事例はないか考えてみよう。
(例) 電話帳のデータからいくつか取り出し学習した上で、別の人の電話番号を予測する。

**【補足】**

今回は3層のニューラルネットワークについて説明した。シグモイド関数を用いた学習は層が増えると収束に時間がかかったり動作が上手くいかないことが知られている。構造を工夫することでその問題点を克服したのが **深層学習**である。深層学習を実装したものとして Python で書かれた Keras というライブラリーがある。R でも `rkeras` というパッケージを用いて 深層学習を行うことができる ([3])。

Google が提供している Colab https://colab.research.google.com/ はブラウザ上で Python を動かすことができる環境である。Google アカウントがあれば (放送大学の学生アカウントでもよい) 無料で利用できる。Colab は **Jupytor ノートブック**と呼ばれるファイルに Markdown と同じようにテキストとソースを書いてプログラムを実行する。

次のリンクをクリックするとプログラム言語を R と指定して新しいノートブックを作成する。

https://colab.research.google.com/notebook\#create=true\
&language=r

または、まず、「ファイル」からノートブックをダウンロードする。

表 11-1　ipynb の変更

```
"kernelspec": {
"name": "python3",
"display_name": "Python 3"
},
"language_info": {
"name": "python"
}
```
変更前

```
"kernelspec": {
"name": "ir",
"display_name": "R"
},
"language_info": {
"name": "R"
}
```
変更後

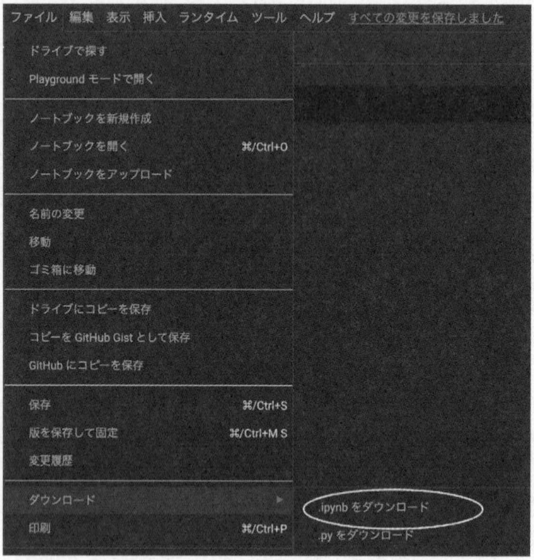

図 11-10　ノートブックのダウンロード

その後、RStudio のエディタで開き、表 11-1 のように変更して保存した後に、そのファイルをアップロードすると R 言語を利用することができる。そこでは rkeras などのパッケージがインストールされている。

# 12 主成分分析

**《目標&ポイント》** データによっては、非常に多くの項目からなる多次元のデータを扱うことがある。多次元のデータから持っている情報量をそのままに次元を減らす方法として主成分分析がある。ここでは主成分分析の考え方について説明し、R での方法を説明する。

**《キーワード》** 主成分分析、次元圧縮、分散共分散行列、相関行列

## 1. 主成分分析の概要

まずは、主成分分析のイメージを図で考えてみよう。データが図 12-1 のように散らばっているものとする。本来、図のような点を取り囲む曲線はないが、理解しやすいように曲線があるものとして考えてみよう。データは平面上に近い形で散らばっていて、この平面に垂直な向きへの

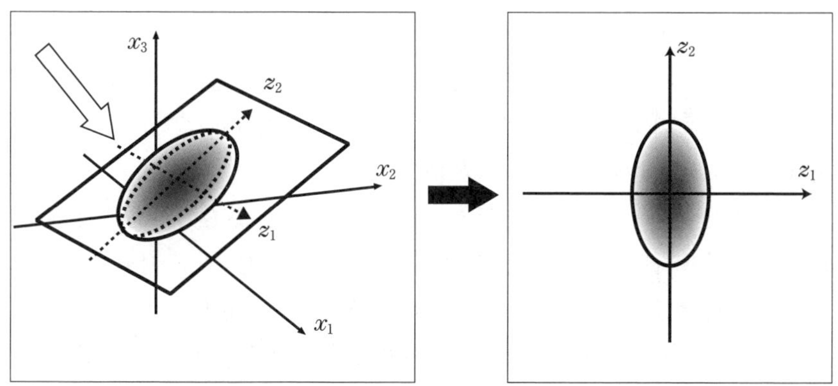


**図 12-1 主成分分析の概念図**

ばらつきは小さいものとする。

このとき、このグラフをさまざまな角度から眺めることができるとして、一体どの角度から見たら、このデータの特徴を表していると思うのか、考えてみよう。すると、多くの人は図の矢印 (図 12-1 の左側の図中) で示したように平面の垂直な方向からと 考えるのではないだろうか。

このように、もしどこかの方角から見た成分を無視しなければならないとしたら、値のさほど変わらない、ばらつきの少ない方向のものを無視することにするだろう。このように、**主成分分析**は、線形な座標変換を行い、それによって得られた成分のうち、情報量の多いものから順に考えることで、情報量の損失をなるべく抑えつつ次元を減らそうとする方法である。

では、このイメージを踏まえて、定式化することを考えてみよう。$r$ 次元のデータがあり、それを $(x_1, x_2, \cdots, x_r)$ とする。例えば、今、体格について検討することを考え、$x_1$ は身長、$x_2$ は体重、$x_3$ は足の大きさ、といったものを表していると考えよう。

ただし、身長のデータを $x_1$ と書いたが、実際には多くの人のデータを集めることになる。そこで、サンプルや事例を表すときには、添字の $(p)$ で表すことにする。つまり、$n$ 人のデータを表す場合には、一人目の身長を $x_1^{(1)}$、$n$ 人目の身長を $x_1^{(n)}$ というように表すことにしよう。

そして、その平均値をそれぞれ $(\mu_1, \mu_2, \cdots, \mu_r)$、分散を $(\sigma_1^2, \sigma_2^2, \cdots, \sigma_r^2)$ とする。また、共分散を $\sigma_{ij}$ と表す。

ここで扱うデータとはさまざまな種類の属性を持つものがあるだろう。例えば、$r$ 個の科目の成績を意味しているかもしれないし、身長や体重といったものを表しているかもしれない。このとき、身長をセンチメートルで表すか、メートルやインチで表すのかといったように、単位によって違うのでは都合が悪い。そこで、それぞれのデータの平均が 0 になるようにする。これを**中心化**という。

$$x_i^{(p)\prime} = (x_i^{(p)} - \mu_i) \tag{12.1}$$

さらに、標準偏差で割ることで分散を 1 にすることを**標準化**という。

$$x_i^{(p)\prime\prime} = \frac{x_i^{(p)} - \mu_i}{\sigma_i} \tag{12.2}$$

となる。今後、このようにして、変換されたデータを $y_1, y_2, \cdots, y_r$ とする。

さて、先ほどの 変換について考えてみよう。変換によって得られる $m$ 個の成分を $(z_1, z_2, \cdots, z_m)$ とする。$z_i$ は

$$z_1 = a_{11}y_1 + a_{12}y_2 + \cdots + a_{1r}y_r \tag{12.3}$$

$$z_2 = a_{21}y_1 + a_{22}y_2 + \cdots + a_{2r}y_r \tag{12.4}$$

$$\vdots \tag{12.5}$$

$$z_m = a_{m1}y_1 + a_{m2}y_2 + \cdots + a_{mr}y_r \tag{12.6}$$

と書ける。この新しい成分のことを**主成分**といい、$z_i$ を第 $i$ 主成分という。変換した個々のデータの値のことを**主成分得点**という。新しい成分の次元がもともとの成分の次元より増えることはないので、$m \leq r$ である。行列で表すと、

$$\begin{pmatrix} z_1 \\ z_2 \\ \vdots \\ z_m \end{pmatrix} = \begin{pmatrix} a_{11} & \cdots & \cdots & a_{1r} \\ \vdots & \ddots & \ddots & \vdots \\ a_{m1} & \cdots & \cdots & a_{mr} \end{pmatrix} \begin{pmatrix} y_1 \\ y_2 \\ \vdots \\ y_r \end{pmatrix}$$

となる。ここで、$a_{i1}$、$a_{i2}$、$\cdots$、$a_{ir}$ という量は新たな軸の方向に対応す

る量で、値は1つには定まらない。

$$\sum_{j=1}^{r} a_{ij}^2 = 1$$

という条件を加えることにする。

## 2. 主成分の導出

2次元の場合について考えてみよう。まず、データが図のように分布しているようなものを考えてみる。標準化によってどの軸の分散も1になるようにしているものとする。図12-2に示すように点 $\boldsymbol{y}^{(i)}$ があるとき、新たな軸 $z$ に移すとき、その原点との距離がその軸で表すことができる分散になり、逆にそれに直交する部分の情報が失われるということになる。

2次元の場合に $z_1$ や $z_2$ といった軸を求めることを考える。図12-3に示すような軸を考え、$a_1^2+a_2^2=1$ が成り立っているものとする。今、一辺の長さが、$a_1$、$a_2$ の直角三角形 を考えると、$z_1$ 軸上の点 $z_1=a_1y_1^{(1)}+a_2y_2^{(1)}$ は点 $(y_1^{(1)},y_2^{(1)})$ から $z_1$ 軸へ下ろした垂線の足になっている。

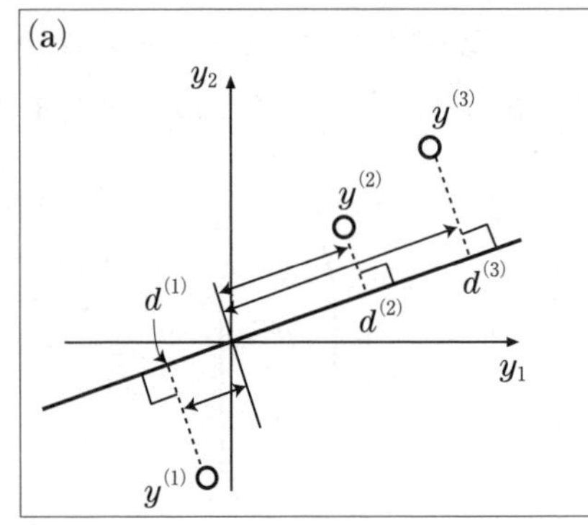


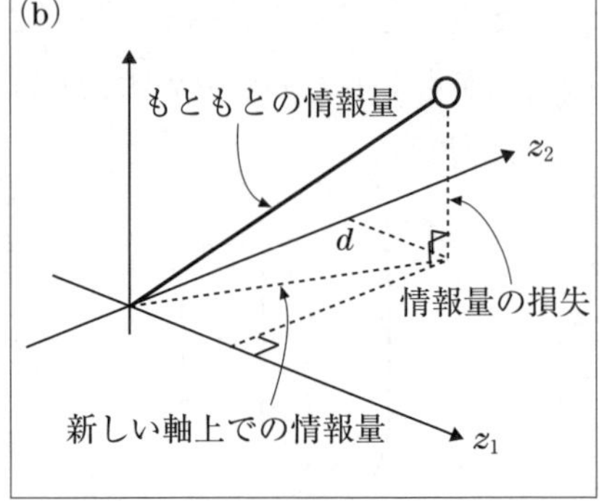


図12-2 主成分の計算 (1)

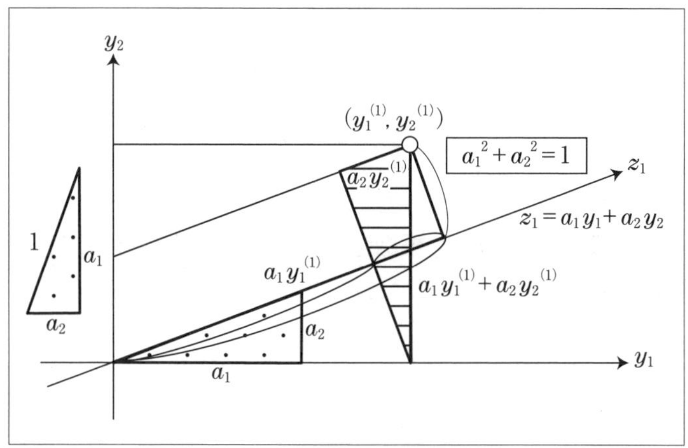


**図 12-3　主成分の計算 (2)**

そして、原点との距離が

$$(d^{(1)})^2 = (a_1y_1^{(1)} + a_2y_2^{(1)})^2$$

となるので、全てのサンプルについて足し合わせると

$$\sum_{p=1}^{N}(d^{(p)})^2 = \sum_{p=1}^{N}\{(a_1y_1^{(p)})^2 + (a_2y_2^{(p)})^2 + 2a_1a_2y_1^{(p)}y_2^{(p)}\} \tag{12.7}$$

$$= a_1^2\sum_{p=1}^{N}(y_1^{(p)})^2 + a_2^2\sum_{p=1}^{N}(y_2^{(p)})^2 + 2a_1a_2\sum_{p=1}^{N}(y_1^{(p)}y_2^{(p)}) \tag{12.8}$$

$$= S_{11}a_1^2 + 2S_{12}a_1a_2 + S_{22}a_2^2 \tag{12.9}$$

となる。これを $n-1$ で割ると

$$U(a_1, a_2) = \sigma_1^2a_1^2 + 2\sigma_12a_1a_2 + \sigma_2^2a_2^2$$

となる。もし、データを標準化している場合には、$\sigma_1 = \sigma_{12} = 1$、$\sigma_{12} = \rho_{12}$ なので、

$$U(a_1, a_2) = a_1^2 + 2\rho_{12}a_1a_2 + a_2^2$$

となる。このように、データの分散共分散行列 (または相関行列) を用いて表現することができる。あとは、これを制約条件

$$a_1^2 + a_2^2 = 1$$

のもとで最大となるような $a_1$、$a_2$ を求める。制約条件のある最大最小問題には **ラグランジュの未定乗数法**を用いることができる。最大最小を与える変数の値を 求める場合には、

$$G(a_1, a_2, \lambda) = U(a_1, a_2) - \lambda(a_1^2 + a_2^2 - 1)$$

を $a_1$、$a_2$、$\lambda$ で偏微分して、最終的に

$$a_1 + r_{12}a_2 - \lambda a_1 = 0 \tag{12.10}$$

$$r_{12}a_1 + a_2 - \lambda a_2 = 0 \tag{12.11}$$

$$a_1^2 + a_2^2 = 1 \tag{12.12}$$

を満たすような $a_1$、$a_2$ を求めればよいということになる。行列で書くと

$$\begin{pmatrix} 1 & r_{12} \\ r_{12} & 1 \end{pmatrix} \begin{pmatrix} a_1 \\ a_2 \end{pmatrix} = \lambda \begin{pmatrix} a_1 \\ a_2 \end{pmatrix} \tag{12.13}$$

であり固有値、固有ベクトルを求める計算ということになる。今回は第 1 主成分として計算したが、第 2 主成分であっても同様に計算することになり、結局、式 (12.13) と同じ固有ベクトルを求めることになる。また，この行列は対称行列で、第 1 主成分と第 2 主成分が独立と成るように選ぶことができる。2 行 2 列の固有値は多くて 2 個である。どちらの固有ベクトルを用いればよいのだろうか。式 (12.13) を満たす固有値を $\lambda^*$ 、固有ベクトルを

$$\boldsymbol{a}^* = \begin{pmatrix} a_1^* \\ a_2^* \end{pmatrix}$$

として、主成分の分散を求めてみると、分散は $U(a_1, a_2)$ だから、

$$U(a_1^*, a_2^*) = {a_1^*}^2 + 2r_{12}a_1^*a_2^* + {a_2^*}^2 \tag{12.14}$$

$$= a_1^*(a_1^* + r_{12}a_2^*) + a_2^*(r_{12}a_1^* + a_2^*) \tag{12.15}$$

$$= a_1^*(\lambda^* a_1^*) + a_2^*(\lambda^* a_2^*) \tag{12.16}$$

$$= \lambda^*({a_1^*}^2 + {a_2^*}^2) = \lambda^* \tag{12.17}$$

となる。つまり、求めた主成分のばらつき具合である分散は、求める行列の固有値に等しい。したがって、固有値のうち大きい値に対応する固有ベクトルを求めればよいということになる。一般に $r$ 次元のデータの場合も同様に計算することができ、分散が最大になるという条件を求めると、

$$A = \begin{pmatrix} \sigma_1^2 & \sigma_{12} & \cdots & \sigma_{1r} \\ \sigma_{21} & \sigma_2^2 & \cdots & \sigma_{2r} \\ \vdots & \vdots & \ddots & \vdots \\ \sigma_{r1} & \sigma_{r2} & \cdots & \sigma_r^2 \end{pmatrix} \tag{12.18}$$

または、標準化した後であれば、

$$B = \begin{pmatrix} 1 & \rho_{12} & \cdots & \rho_{1r} \\ \rho_{21} & 1 & \cdots & \rho_{2r} \\ \vdots & \vdots & \ddots & \vdots \\ \rho_{r1} & \rho_{r2} & \cdots & 1_{rr} \end{pmatrix} \tag{12.19}$$

に対して、係数を

$$A\boldsymbol{a_i} = \lambda_i \boldsymbol{a_i}$$

ただし

$$\boldsymbol{a_i} = \begin{pmatrix} a_{i1} \\ a_{i2} \\ \vdots \\ a_{ir} \end{pmatrix}$$

と書くことができる。すなわち、$r \times r$ の行列の固有値 $\lambda_i$ $(i = 1, 2, \cdots, r)$ を求めることになる。

ここで、共分散については、$\sigma_{ij} = \sigma_{ji}$ が成り立つので、これは行列としては対称行列である。対称行列の固有ベクトルは互いに直交することが知られている。また、分散共分散行列 (相関行列) は半正定値、すなわち固有値が全て 0 以上になることが知られている。式 (12.18) または式 (12.19) で表される行列の固有値を求め、そのうち最も大きいものから順に、第 1 主成分、第 2 主成分 というように定めていけばよい。

また、第 $i$ 成分の分散はその固有値の値に等しくなる。したがって、どの成分までを考えるかは固有値の大きさで判断すればよい。そこで、この固有値を　$\lambda_1 \geq \lambda_2 \geq \cdots \geq \lambda_r \geq 0$ として、

$$\frac{\lambda_i}{\lambda_1 + \lambda_2 + \cdots + \lambda_r} = \frac{\lambda_i}{\displaystyle\sum_{k=1}^{r} \lambda_k}$$

の値を第 $i$ 主成分の**寄与率**という。また、第 1 主成分から第 $i$ 主成分までの寄与率の合計

$$\frac{\lambda_1 + \cdots + \lambda_i}{\lambda_1 + \lambda_2 + \cdots + \lambda_r} = \frac{\displaystyle\sum_{j=1}^{i} \lambda_j}{\displaystyle\sum_{k=1}^{r} \lambda_k}$$

を第 1 主成分から第 $i$ 主成分までの**累積寄与率**という。累積寄与率の目安として 0.8 が用いられる。

## 3.　2 次元の場合の例

このことを例をもとに考えてみよう。以下の表は、R に含まれるデータで 30 歳から 39 歳までのアメリカ人女性 15 人の身長と体重を集めたもの (women) を標準化したものである。

```
> women %>%  head()


  height weight
1     58    115
2     59    117
3     60    120
4     61    123
5     62    126
6     63    129
```

これを 2 次元にプロットすると、図 12-4 のようになる。

```
> women %>%
+   mutate(height=scale(height),weight=scale(weight)) %>%
+   ggplot()+geom_point(aes(x=height,y=weight))
```

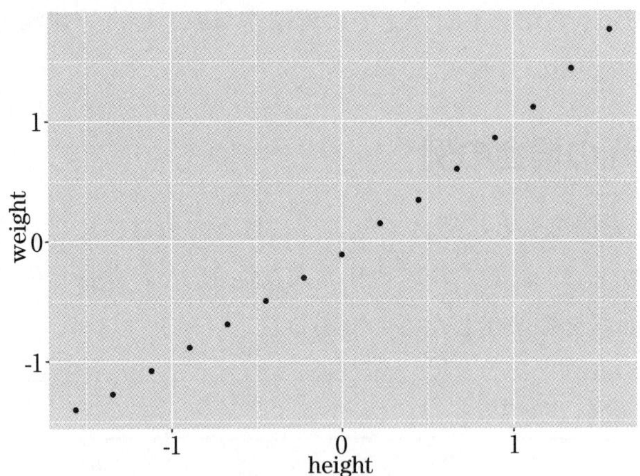


図 12-4　標準化後の身長と体重のデータ

これを見ると身長と体重のデータはほぼ一直線上にあることがわかる。このときの共分散 (実際には、標準化しているので相関係数) の値は、1, 0.9954948, 0.9954948, 1 である。すると、

$$\begin{pmatrix} 1 & 0.996 \\ 0.996 & 1 \end{pmatrix} \begin{pmatrix} a_1 \\ a_2 \end{pmatrix} = \lambda \begin{pmatrix} a_1 \\ a_2 \end{pmatrix}$$

となるような $\lambda$、$a_1$、$a_2$ を求めることになる。2 次元の行列式は 2 次方程式を解けばよく、実際に計算すると、固有値は、1.996、0.004 となり、それを満たすような固有ベクトルを求めると

$$\begin{pmatrix} 0.707 \\ 0.707 \end{pmatrix}, \begin{pmatrix} -0.707 \\ 0.707 \end{pmatrix}$$

となる。ちなみに、この場合、第 1 主成分の寄与率が

$$\frac{1.996}{1.996 + 0.004} = 0.998$$

となるので、この例では第 1 主成分だけで十分である。では、これを R で計算してみよう。prcomp() という関数を用いる。手順は、データを w1 で読み込む。1 行目が名前なので、その列を除いた prcomp(w1[,-1]) として主成分分析を行う。その結果を今、w2 という名前であるとすると、手順は

```
> pr_w <- prcomp(women,scale=TRUE)
> pr_w

Standard deviations (1, .., p=2):
[1] 1.41261982 0.06712103

Rotation (n x k) = (2 x 2):
             PC1        PC2
height 0.7071068  0.7071068
weight 0.7071068 -0.7071068
```

prcomp は自動的に中心化をして計算するが、指定しない場合に標準化はしない。もし、標準化したい場合は scale=TRUE とする。中心化もしない場合には、center=F と指定する。計算結果を見ると、標準偏差と固有ベクトルの値が表示される。この標準偏差は $U(a_1, a_2)$ の平方根の値であり、固有値の平方根と一致する。この値を二乗したものが固有値の値である。summary() という関数で結果の要約を見ることができる。

```
> summary(pr_w)

Importance of components:
```

```
                          PC1     PC2
Standard deviation     1.4126 0.06712
Proportion of Variance 0.9978 0.00225
Cumulative Proportion  0.9978 1.00000
```

となる。最初の Standart deviation は主成分の標準偏差である。2 行目が寄与率、3 行目が累積寄与率を表しているそれぞれの主成分得点は pr_w$x で見ることができる。これを図にしてみよう。ggplot ではよく使われるデータを簡単に可視化するための関数として ggfortify というパッケージがある。

```
> require(ggfortify)
> autoplot(pr_w,loadings=TRUE, loadings.label=TRUE)
```

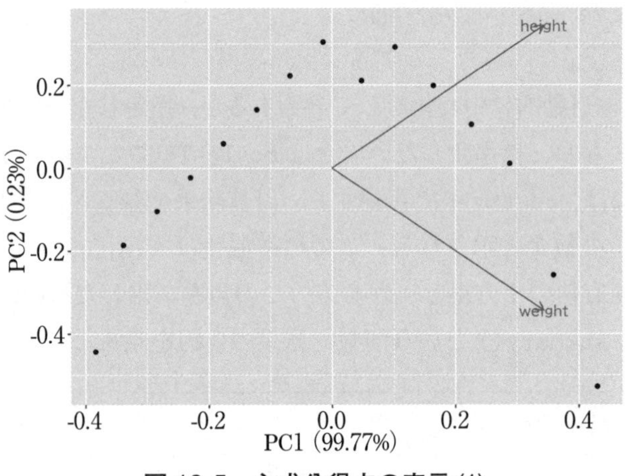


図 12-5　主成分得点の表示 (1)

まず ggfortify の関数である autoplot() という関数を用いる。これを見ると height が身長が 1、体重が 0、weight が身長が 0、体重が 1 の人の場所。つまり右に行くほど、身長や体重の値が大きい人がいることがわかる。主成分の寄与率が座標に表記され、実際の点自体は縦軸と横軸が同じ範囲になるように拡大縮小されている。実際に計算される主成分をそのまま散布図にすると次のようになる。

```
> ggplot(data=pr_w$x)+geom_point(aes(x=PC1,y=PC2))
```

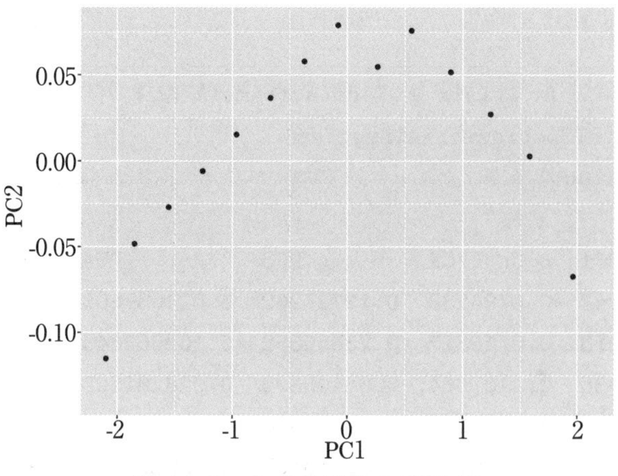


図 12-6　主成分得点の表示 (2)

もう 1 つの例として、iris を扱う。iris は 4 種類の観測値と種子を表す 5 列からなるデータである。この 4 列の部分を減らす(**次元圧縮**ともいう) ことを考える。

```
> pr_iris <- prcomp(iris[,1:4],scale=TRUE)
> summary(pr_iris)
```

```
Importance of components:
                          PC1    PC2     PC3     PC4
Standard deviation     1.7084 0.9560 0.38309 0.14393
Proportion of Variance 0.7296 0.2285 0.03669 0.00518
Cumulative Proportion  0.7296 0.9581 0.99482 1.00000
```

これを見ると 2 次元まで寄与率が 95%となっている。主成分$x$は行列形式なので、データフレーム形式にして、最後に元の種子名の列を付け加える。

```
> pr_out <- pr_iris$x %>% data.frame() %>%
+   mutate(Species=iris$Species)
> head(pr_out)

        PC1        PC2         PC3          PC4 Species
1 -2.257141 -0.4784238  0.12727962  0.024087508  setosa
2 -2.074013  0.6718827  0.23382552  0.102662845  setosa
3 -2.356335  0.3407664 -0.04405390  0.028282305  setosa
4 -2.291707  0.5953999 -0.09098530 -0.065735340  setosa
5 -2.381863 -0.6446757 -0.01568565 -0.035802870  setosa
6 -2.068701 -1.4842053 -0.02687825  0.006586116  setosa
```

これを種子ごとに色分けすると

```
> ggplot(pr_out)+geom_point(aes(x=PC1,y=PC2,color=Species))
```

となる。このように 4 次元のものを圧縮して表示することができる。

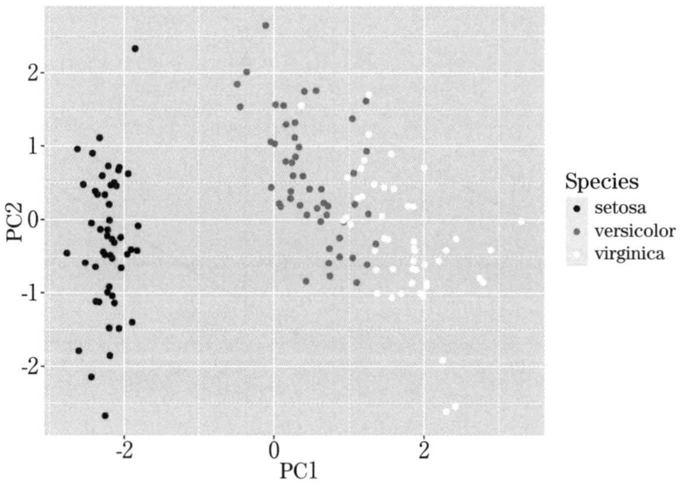


図 12-7　iris の主成分による可視化

## 4.　まとめと展望

主成分分析とは、多くの変数をより少ない変数で記述することを目的としたものであった。主成分分析でも回帰分析でもどちらもその変数の平均値を通る。また出てきた行列もほぼ同じである。そこで、ここでは、その違いについて述べておこう。

回帰分析では、目的変数を 1 次式によって表し、目的変数との誤差を計算した。一方、主成分分析ではそのデータを代表するような新しい軸を設定し、その軸上に射影された点を代表の点とするものであり、目的変数を持たない。

そして、回帰直線では目的変数を表すため、その誤差は軸に沿って測る。一方、主成分分析は軸との距離が最小になるように求めているので、距離の測り方は軸に垂直になるように測る。この違いを図示すると図 12-8 のように表せる。

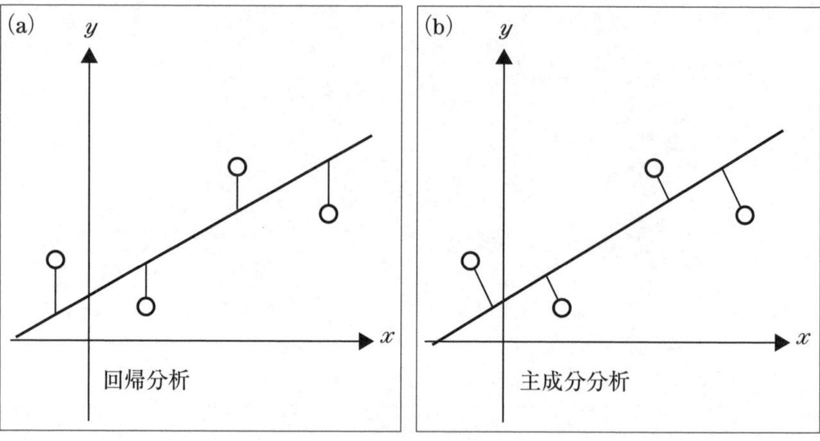


**図 12-8　回帰分析と主成分分析**

## 参考文献

[1] 林賢一, 下平英寿,R で学ぶ統計的データ解析, 講談社,2020

[2] 中村, 永友,R によるデータサイエンス 2『多次元データ解析法』, 共立出版,2009

[3] 金明哲,"R によるデータサイエンス (第 2 版)", 森北出版,2017

**演習**

次の計算は標準正規乱数を 第 2 章で計算した行列で変換したものである。値を色々変えて主成分分析を行ったり、分散共分散行列することができる。

```
> N <- 1000
> mat <- c(1,2,3,-4)
> x <- rnorm(N)
> y <- rnorm(N)
> p_before <- cbind(x,y)
> A <- matrix(mat,ncol=2,nrow=2)
> eigen(A)
> p_after <- p_before %*% t(A)
> prcomp(p_after)
```

mat <- c(1,2,3,-4) の値をいろいろと変えてシミュレーションしてみよ。その際、eigen(A) と prcomp の固有値を比較してみよ。

# 13 因子分析

**《目標＆ポイント》**得られたデータの値を予測するというだけでなくデータからなぜそのような結果になったのかという、データに潜む要因を知りたいということもある。こうした因子分析について述べる。因子分析の概要、および因子負荷量の計算について説明する。

**《キーワード》**因子分析、因子負荷量、カイザーガットマン基準、因子の回転

## 1. 因子分析の概要

試験によってその人の学力を推測しようとしても、限られた方法で測定することは難しい。個人の持っている学力というものは測定しづらいが、何らかの方法で学力というものが定量化されるものだとしよう。同じ学力を持つ人は毎回同じ点数を得られるだろうか。ひょっとすると、ちょっとしたミスやそのときの体調が結果に影響を与えるかもしれない。

また、複数の科目があるとしよう。理系科目が得意な人や文系科目が得意な人もいる。国語や社会の点数が高いことから、文系科目が得意な人だと判断したり、そうした人は数学や理科が苦手だと判断したりすることもある。こうしたことは科目の点数から、その人の学習に対する態度や能力を推測しようとしていると考えることもできる。

## 2. 因子分析の定式化

科目の得点に相当するものを $Y_j$ $(j = 1, 2, \cdots n)$ としその得点の要因となるものを $n$ よりも少ない $m$ 個の要素 $F_k$ $(k = 1, 2, \cdots m)$ の線形結

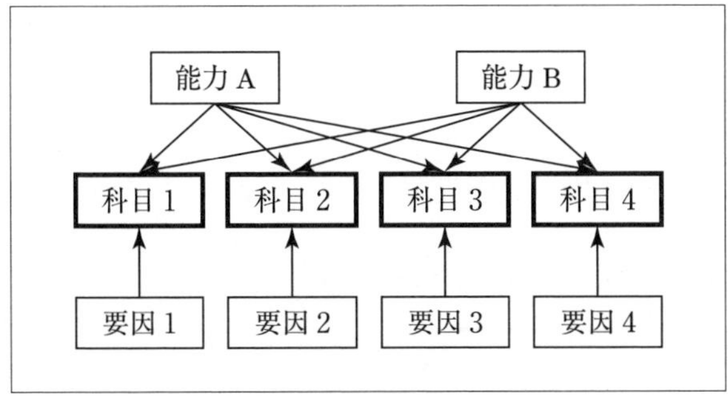


**図 13-1　因子分析の概念図**

合によって表すことを考える。また、それ以外にも個々の科目にはそれぞれに特有の要因 $E_j(j = 1, 2, \cdots n)$ があるとすると

$$
\begin{aligned}
Y_1 &= c_{11}F_1 + c_{12}F_2 + \cdots + c_{1m}F_m + d_1E_1 \\
Y_2 &= c_{21}F_1 + c_{22}F_2 + \cdots + c_{2m}F_m + d_2E_2 \\
&\vdots \\
Y_n &= c_{n1}F_1 + c_{n2}F_2 + \cdots + c_{nm}F_m + d_mE_m
\end{aligned}
$$

となる。これは行列で書くと

$$\boldsymbol{Y} = C\boldsymbol{F} + D\boldsymbol{E} \tag{13.1}$$

と書ける。

この $F_k$ を **共通因子**、$E_l$ を**独自因子**という。ここで、$Y_j$ は標準化したデータを考え、平均 0、分散が 1 とする。さらに、$F_k$、$E_k$ について、次のような仮定を置く。

1) $F_k$、$E_l$ の平均は 0、分散が 1。分散については C や D の大きさで調整する。

2) 共通因子 $F_k$ と独自因子 $E_l$ はどれも相関がない。

3) 独自因子はそれぞれの独立で相関がない。

4) 共通因子同士は $F_k$ と $F_l$ は相関がある場合とない場合の両方を考える。相関がない場合を**直交解**、相関を考える場合を**斜交解**という。

そこで、この式から $Y_iY_j$ を計算すると、

$$Y_iY_j = \sum_{k=1}^{m}\sum_{l=1}^{n} c_{ik}c_{jl}F_kF_l + \sum_{k=1}^{m}(c_{ik}d_iE_i + c_{jk}d_jE_j)F_k + d_id_jE_iE_j \tag{13.2}$$

となる。この変数について平均を計算すると、左辺は共分散であり、右辺では上記の仮定から第 2 項は 0 になるので

$$E[Y_iY_j] = \sum_{k=1}^{m}\sum_{l=1}^{m} c_{ik}c_{jl}E[F_kF_l] + d_id_jE[E_kE_j] \tag{13.3}$$

と計算される。ここで、$i = j$ の時のみ、$E[E_iE_j] = 1$ である。これを、$E[F_kF_l] = \phi_{kl}$ とすると

$$\Sigma = C\Phi C^T + D^2 \tag{13.4}$$

となる。成分を書くと

$$\Sigma = \begin{pmatrix} c_{11} & \cdots & c_{1m} \\ & \vdots & \\ & \vdots & \\ c_{n1} & \cdots & c_{nm} \end{pmatrix} \begin{pmatrix} 1 & \cdots & \phi_{1m} \\ \vdots & \ddots & \vdots \\ \phi_{m1} & \cdots & 1 \end{pmatrix} \begin{pmatrix} c_{11} & \cdots & \cdots & c_{ni} \\ \vdots & \ddots & \ddots & \vdots \\ c_{1m} & \cdots & \cdots & c_{nm} \end{pmatrix}$$

$$+ \begin{pmatrix} d_1^2 & \cdots & 0 \\ \vdots & \ddots & \vdots \\ 0 & \cdots & d_n^2 \end{pmatrix}$$

である。$Y_i$ について観測された $n$ 個の要素を持つ $N$ 個のデータ

$$\boldsymbol{y}^{(p)} = (y_1^{(p}, y_1^{(p}, \cdots, y_n^{(p)})$$

$(p = 1, 2, \cdots, N)$ から、この $C$、$\Phi$、$D$ を求めるのが**因子分析** のプロセスということになる。計算される $C$ を**共通因子負荷量**という。共通因子に対して直交解を仮定する場合には、$\Phi$ は単位行列なので $C$、$D$ のみを求める。また、式 (13.1) のように、$D^2$ は対角成分だけが $d_i^2$ であり、それ以外の成分は 0 である。$n$ 個の成分それぞれについて、この $d_i^2$ の値は、成分独自の影響を表している。この値を**独自性**と言う。$1 - d_i^2$ の値は共通因子の影響を足しあわせた値であり、この値を**共通性**という。

## 3.　因子負荷量の計算手順

因子分析は、式 (13.4) を満たすような $C$、$D$ を見つけ、式 (13.1) のように表すことが目的であるが、主成分分析とは異なり、因子分析では因子負荷量が一意に決まるわけではない。例えば、$\boldsymbol{F}$ の順番については何も条件がないので、順番についての不定性がある。また、出来た $\boldsymbol{F}$ 全体をどこかの向きで回転させたとしても条件を満たす。そこで、さまざまな仮定のもと因子負荷量の推定値を見つける。その計算手順は次のようになる。それぞれのステップにおいて様々な方法が提案されているが、ここでは代表的なものとしてそれぞれ 1 つずつ説明する。

1) 共通因子の個数 $m$ を定める。
2) 因子負荷量を求める。
3) 因子軸の回転を行う。
4) 結果を解釈する。

共通因子の個数は予め決まっているわけではない。主成分分析におい

ては相関行列の固有値のもとに累積寄与率を計算した。相関行列の固有値は必ず 0 以上の値を取った。因子分析でも、固有値の大きさが 1 より大きいものにするといった決め方がある (**カイザーガットマン規準**)。

また、図によって判断する方法もある。固有値の大きい順に並べ、横軸にその順番を表す番号を取り、縦軸に固有値の大きさを取りプロットする。この図を**スクリープロット**という。そして、固有値を成分の影響の大きさと考え、固有値の大きさがあまり変化しなくなる前までの個数を選ぶ。

主成分分析では、$r$ 次元のデータから $r \times r$ の相関行列（分散共分散行列）を計算し、その固有値、固有ベクトルを計算することで主成分を求めた。一方、因子分解では $n$ 個の成分を持つデータを、より少ない $m$ 個の因子で表そうとする。因子負荷量を求める方法には**最尤法**、**最小 2 乗法**、**主因子法**といった方法があるが、R に基本として組み入れられている因子分析 `factanal()` は最尤法を用いて因子負荷量を計算している。$n$ 次元のベクトル $\boldsymbol{y}^{(p)}$ は互いに独立に多変量正規分布 $N(\mathbf{0}, \Sigma)$ に従うとすると、データから計算される相関行列はウィッシャート分布と呼ばれる分布に従う[*1]。そこから計算される尤度関数を最大にする値として $C$、$D$ が計算される。

---

*1 多変量正規分布から独立に N 個のデータを取り出したときに、そこから計算される行列 $\sum_{p=1}^{N} \boldsymbol{y}^{(p)}(\boldsymbol{y}^{(p)})^T$ が従う分布をウィッシャート行列と言い、

$$\frac{|A|^{\frac{N-n-1}{2}} \exp(-\frac{1}{2}\mathrm{Tr}\Sigma^{-1}A)}{2^{\frac{nN}{2}} \pi^{\frac{n(n-1)}{4}} |\Sigma|^{\frac{N}{2}} \prod_{i=1}^{n} \Gamma(\frac{N-i+1}{2})} \tag{13.5}$$

と表される。$n = 1$ のとき、$A = x$、$\Sigma = 1$ であり、カイ 2 乗分布である。

## 4.　因子の回転

$N$ 個のデータから観測される全ての成分の数は $n \times N$ 個である。一方、$\boldsymbol{F}$、$\boldsymbol{E}$ はそれぞれ $m \times N$ 個、$n \times N$ 個である。これらを直接算出できるわけではなく、データから計算されるのは $C$、$\Phi$、$D$ である。条件を満たすような $\boldsymbol{F}$ を考え、この $\boldsymbol{F}$ に対して、回転など、大きさを変えず逆変換を持つような線形変換をして $\boldsymbol{F}'$ が得られたとしよう。それが

$$\boldsymbol{F}' = A\boldsymbol{F}$$

というように書けるとき、

$$C\boldsymbol{F} = CA^{-1}\boldsymbol{F}'$$

であり、新しく $A\Phi A'$ を $\Phi'$ と考えれば、新しい共通因子を作ることができる。このように、因子分析の解は一意ではない。そこで、得られた結果をもとに**因子の回転**を行う。$\boldsymbol{F}$ について直交解を仮定した**直交回転**と斜交解を前提とした**斜交回転**がある。

回転を行う目的は、特徴をわかりやすく表現することである。ある判断基準を作成し、式 (13.1) にある行列の成分 $c_{ij}$ の値を用いて、その値が最大になるように負荷量を決定する。直交回転ではオーソマックス規準が用いられる。オーソマックス規準は

$$Q = \sum_{i=1} n \sum_{j=1} m c_{ij}^4 \tag{13.6}$$

$w = 1$ のときを**バリマックス**回転という。一方，斜交回転として**プロマックス**回転がある。あらかじめ目標となる行列を決め、その行列に近づくように因子負荷行列を変更する方法を**プロクラステス**回転という。プロマックス回転は、まずバリマックス解を求める。バリマックス解の

符号はそのままで各成分を $k$ 乗した行列を目標行列としてプロクラステス回転を行う。べき乗することで因子間の差が強調され、因子間の特徴を際立たせることができる。因子得点 $\boldsymbol{F}$ を推定する方法については省略する。

## 5. Rによるシミュレーション

ここでは、R に組み込まれている factanal() という関数を用いて因子分析を行うプロセスを説明する。手順としては、

1) データを読み込み、相関行列を計算し因子数を決定する。
2) 因子分析を行う
3) 軸の回転、図示を行い結果を解釈する

という流れで行う。データは 5 科目の架空の成績データを用いる。それぞれ、subA から subE までの科目の単位の架空の試験結果になっている。それがすでに標準化され、fac01.csv というファイル名で作業フォルダに置いてあるとする。

```
> w1 <- read_csv("data/fac01.csv")
> head(w1)

# A tibble: 6 x 6
     id   subA   subB   subC   subD   subE
  <dbl>  <dbl>  <dbl>  <dbl>  <dbl>  <dbl>
1     1  0.822 -0.658 -1.43   0.245 -1.99
2     2  1.14   0.105  0.153  1.22   1.30
3     3  0.185 -0.658  0.153 -0.734  1.30
4     4 -0.453 -1.42   0.680 -0.245 -0.346
```

```
5      5  1.46   1.25  -0.375  0.734  1.30
6      6  0.822  0.869  0.153  1.71  -0.346
```

まず、相関行列を計算し、固有値固有ベクトルを計算する。

```
> w2 <- cor(w1[,-1])
> y <- eigen(w2)$values
> x <- 1:length(y)
> ggplot()+geom_point(aes(x=x,y=y) )+
+   geom_line(aes(x=x,y=y))+
+   geom_hline(yintercept = 1)
```

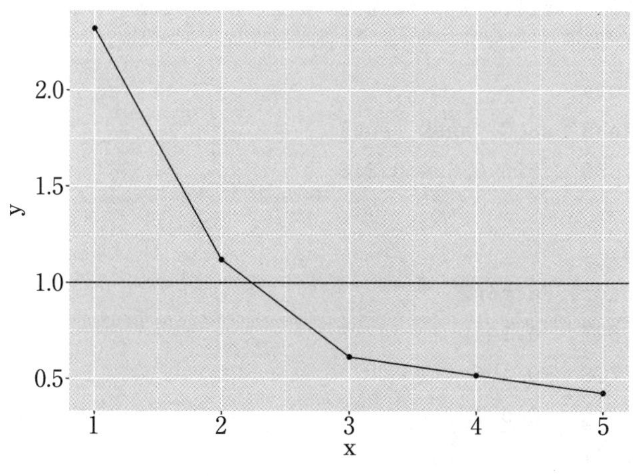


**図 13-2　スクリープロット**

固有値 eigen()$values は大きい順に並んでいるので、それをプロットする。このスクリープロットを見ると、3 番目から固有値の大きさがあまり変化していない。また、1 より大きい固有値は 2 つである（カイザーガットマン規準)。そこで、今回は因子数を 2 に決定する。

因子分析を行う関数 factanal() のパラメータは factanal(データ, 因子数,rotation="") rotation として何もしない ("none")、バリマックス ("varimax")、プロマックス ("promax") である。回転として何も選ばないとデフォルトでバリマックスが選択される。因子数、回転方法を指定して実行する。

```
> w2 <- factanal(w1[,-1],2,rotation="promax")
> w2



Call:
factanal(x = w1[, -1], factors = 2, rotation = "promax")

Uniquenesses:
 subA  subB  subC  subD  subE
0.500 0.556 0.526 0.634 0.316

Loadings:
     Factor1 Factor2
subA  0.627   0.141
subB  0.728  -0.156
subC          0.637
subD  0.601
subE          0.859

               Factor1 Factor2
SS loadings      1.298   1.187
Proportion Var   0.260   0.237
```

```
Cumulative Var   0.260   0.497

Factor Correlations:
        Factor1 Factor2
Factor1   1.000  -0.488
Factor2  -0.488   1.000

Test of the hypothesis that 2 factors are sufficient.
The chi square statistic is 0.44 on 1 degree of freedom.
The p-value is 0.506
```

Uniquenesses は独自因子の大きさ $d_i^2$ を意味している。今回の場合、共通因子に比べ独自因子が大きい結果になった。共通因子は $1-d_i^2$ で計算できる。

Loadings が因子負荷量になる。表示されていない所は 0 である。

もとのデータが 2 因子のモデルで表せるという仮説のもとでカイ 2 乗検定を行っている。p 値が 0.506 なので、2 因子でのモデルは棄却されるほど外れていなかったことを表している。

計算した後に関数 varimax() や promax() を用いることもできる。出てきた因子をプロットする。

```
> w4 <- as_tibble(w3$loadings[1:5,1:2])
> w4 <- w4 %>% mutate(subject=rownames(w3$loadings))
> ggplot(w4,aes(x=Factor1,y=Factor2) )+geom_point()+
+   geom_text(aes(label=subject),vjust=-1 )+ ylim(-0.2,0.9)
```

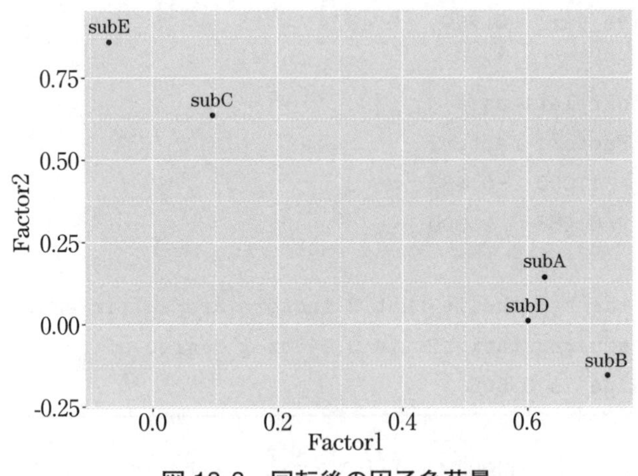


図 13-3　回転後の因子負荷量

すると、図 13-3 のようになる。

これを見ると、5 つの科目のうち、3 つの科目は因子 1 が大きく、2 つの科目は因子 2 の影響が強いことがわかる。これより、出てきた結果を図示して、この概念に名前をつける。因子分析を行う時には、必要な情報として、因子数と根拠、回転法の情報をまとめておく。

## 6.　まとめと展望

因子分析は主成分分析に似た式であるが、各要素を生み出す要因となるものを探すという点が異なる。**アンケート調査**とは多数の人に同じ質問を用いて調査をすることで人の行動の背後にある心理や要因を知ろうする。そこでは、質問を含めた相応しい測定方法が望まれる。こうした尺度を開発しようという研究も多く行われている。例えば、長濱らは、学校でのグループ学習といった協同作業への認識についての尺度開発を行っている（参考文献の [1]）。ほかにも、田中らは高齢者がどのような基準で外出する服を選ぶのかについて、19 項目の質問項目が「個人的嗜好」、「流行」、「機能性」、「社会的服装規範」の 4 つの因子からなることを示している（参考文献の [2]）。そして、安永はこの尺度を用いて 20 歳から 79 歳までの 10,800 人に対して調査を行っている。そして、その 4 つの因子のスコア（**下位尺度得点**）を用いてクラスター分析を行い、着装基準のタイプが、「全基準重視型」、「機能・規範重視型」、「個人的嗜好・流行重視型」、「無頓着型」の 4 つに分けられるとしている（参考文献の [3]）。

## 参考文献

[1] 長濱文与, 安永悟, 関田一彦, 甲原定房, “協同作業認識尺度の開発”, 教育心理学研究, vol. 57(1), pp24-37, 2009

[2] 田中優, 秋山学, 泉加代子, 上野裕子, 西川正之, 吉川聡一, “高齢者の自律と着装行動に関する研究—着装基準重視と関連する要因の検討”, 繊維製品消費科学, vol.39(11), pp.716-722, 1998

[3] 安永明智,“若年者から高齢者における着装基準の類型化と 性, 年代別の特徴”, 繊維製品消費科学,vol.59 (4), pp. 297-303, 2018

[4] 市川雅教, “因子分析”, 朝倉書店, 2010,

[5] 中村, 永友,R によるデータサイエンス 2『多次元データ解析法』, 共立出版,2009

## 演習

**【問題】**

1. 5 科目の成績に対して 2 個の共通因子を用いて次のようにモデル化したときに、次の空欄 ア ～ オ に入る数はどうなるか？

$$y_1 = \sum_{i=1}^{\fbox{ア}} b_{1i} f_i + c_1 e_1$$

$$\vdots \tag{13.7}$$

$$y_{\fbox{イ}} = \sum_{i=1}^{\fbox{ウ}} b_{5i} f_i + c_{\fbox{エ}} e_{\fbox{オ}} \tag{13.8}$$

2. [!Google scholar] https://scholar.google.com で尺度開発で検索し、心理尺度の論文を探して読んでみよ。

**解答**

1. ア. 2　イ. 5　ウ. 2　エ. 5　オ. 5

# 14 距離データの可視化

**《目標&ポイント》** 要素間の距離が与えられたデータをグラフ化する方法について述べる。距離から座標を求める方法として**多次元尺度法**について述べる。また、後半では座標ではなく、樹形図として表す**階層的クラスター分析**について述べる。

**《キーワード》** 距離の公理、樹形図、ヤングハウスホルダー変換、ウォード法

## 1. 距離の公理

アンケートをもとにして、人によって好みがどう違うかを分類するといったことを考えてみよう。そのためには、何らかの形で相手と似ているとか、離れているといったことが議論になる。そのためには、それぞれに対して違いに対応する「距離」が定義されていなければならない。

では、距離とはどういうことなのだろうか。そこで、自宅から最寄りの学習センターまでどれだけ離れているのかを考えてみよう。通常、距離としてイメージされるものは**ユークリッド距離**である。これは2点間を直線で結び、その長さを測ったものである。しかし、その他にも、例えば駅から徒歩何分であるという場合もあるだろう。この所要時間は距離といえるのであろうか。

距離とは2点 $p$、$q$ の間の関数を $d(p,q)$ とする。このとき、以下の4つの性質を満たすとき、$d(p,q)$ を**距離**という。

1) **非負性:** $d(p,q) \geq 0$
2) **対称性:** $d(p,q) = d(q,p)$

3) **三角不等式**: 3 点 $p$、$q$、$r$ に対して $d(p,q) \leq d(p,r) + d(r,q)$
4) **非退化性**: $p = q \Leftrightarrow d(p,q) = 0$

この 4 つの性質のことを**距離の公理**という。

非負性とは、2 点間の距離は負にはならないことである。非退化性とあわせて考えると、距離が 0 になるというのは出発点と到着点が同じであるときだけであり、それ以外の場合は距離が正となる*1。

対称性について、例えば移動にかかる時間によって、距離を定義したいという場合、飛行機での移動時間では通常対称性が成り立たない (東京から北海道に行く時間と、北海道から東京へ行く時間は通常等しくない)。

また、三角不等式の意味は、点 $p$ から点 $q$ への距離とはその最短距離のことであり、途中の点 $r$ を通った場合には、通り道にある場合を除いて遠回りになるということを意味している。

今後は原則としては距離の公理を満たすものとして話を進めるが、自分で距離を定義した場合には先ほど述べた公理を満たしているかどうか

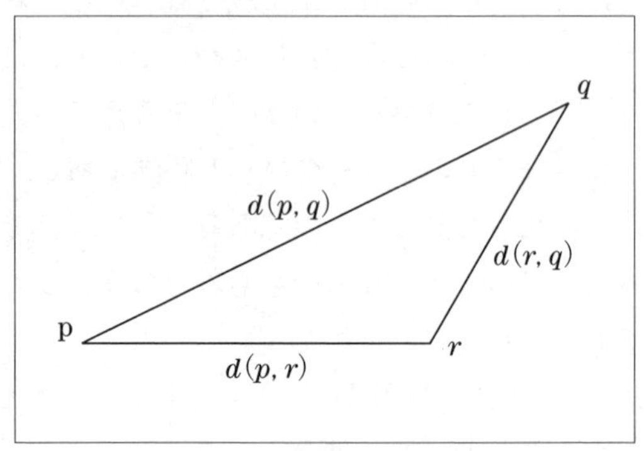


**図 14-1　三角不等式**

*1 2 点が異なる点に対して距離が 0 になることがあるとき、つまり、$p = q \Rightarrow d(p,q) = 0$ が成り立つ場合を、**擬距離**という。

を検討する必要がある。

## 2.　多次元尺度法の概略

数量化されたデータに対して、距離が定義されているものとしよう。このようにして距離だけが定義されているだけで、実際の座標が与えられていない、もしくは主成分分析で行ったように、座標が多次元で直接グラフにすることができない、という状況を考えてみよう。多次元尺度法とは、各対象同士の距離の情報を用いて、各点を空間内の点として表し、そのデータの構造を可視化するための方法である。実際にはデータ自体は多次元空間内で表されることが多いが、可視化するためには、2 次元や 3 次元といった低次元の座標で表現する。

ここでは**古典的多次元尺度法** (classical multidimensional scaling) について説明する。この後の計算では、主成分分析と同様に固有値や固有ベクトルを求めることになる。まず問題を定式化しよう。$r$ 次元の空間における $N$ 個の点に対し、2 点間の距離が与えられているとしよう。その座標を表す行列 $X$ を

$$X = (\boldsymbol{x}_1, \cdots, \boldsymbol{x}_N)^T = \begin{pmatrix} x_{11} & \cdots & x_{1r} \\ \vdots & \ddots & \vdots \\ x_{N1} & \cdots & x_{Nr} \end{pmatrix} \tag{14.1}$$

とする。ここで、距離 $d_{ij}$ としてユークリッド距離を考えよう。すると、各点の座標を表すベクトル $\boldsymbol{x}_i$、$\boldsymbol{x}_j$ を用いて、

$$d_{ij}^2 = \sum_{k=1}^{r} (x_{ik} - x_{jk})^2 = \boldsymbol{x}_i \cdot \boldsymbol{x}_i + \boldsymbol{x}_j \cdot \boldsymbol{x}_j - 2\boldsymbol{x}_i \cdot \boldsymbol{x}_j \tag{14.2}$$

と書くことができる。$\boldsymbol{x}_i \cdot \boldsymbol{x}_j$ は内積を表す。また、$d_{ij}$ を成分とする行

列を $D$ とし、$d_{ij}^2$ を成分とする次のような距離行列を $D^{(2)}$ とする*2。

$$D^{(2)} = \begin{pmatrix} 0 & d_{12}^2 & d_{13}^2 & \cdots & d_{1N}^2 \\ d_{21}^2 & 0 & d_{23}^2 & \cdots & d_{2N}^2 \\ d_{31}^2 & d_{32}^2 & 0 & \cdots & d_{3N}^2 \\ \vdots & \vdots & \vdots & \ddots & \vdots \\ d_{N1}^2 & d_{N2}^2 & d_{N3}^2 & \cdots & 0 \end{pmatrix} \tag{14.3}$$

多次元尺度法では、この $D^{(2)}$ の値が得られている ときから、$X$ を求めようとするものである。しかし、距離が与えられているからといって、座標が 1 つに求められるわけではない。図 14-2 を見ると、点を平行移動しても、回転しても、五角形 ABCDE の 2 点間の各距離は変わらない。そこで、距離が $D^{(2)}$ が 成り立つような $X$ の候補の 1 つを求めることを考える。

$D^{(2)}$ は、

$$D^{(2)} = \mathbf{diag}(XX^T) \cdot (\mathbf{1} \cdot \mathbf{1}^T) - 2XX^T + (\mathbf{1} \cdot \mathbf{1}^T) \cdot \mathbf{diag}(XX^T)$$

と書くことができる。ここで、**diag** はその対角成分だけを取り出し、残りを 0 とすることを意味している。ここで、

$$\mathbf{1} = \begin{pmatrix} 1 \\ 1 \\ \vdots \\ 1 \end{pmatrix}$$

*2 今、距離の 2 乗を成分とすることから (2) と書いたが、$D$ の 2 乗という意味ではない。$D^2$ を計算しても、$D^{(2)}$ とは一致しないので注意しよう。

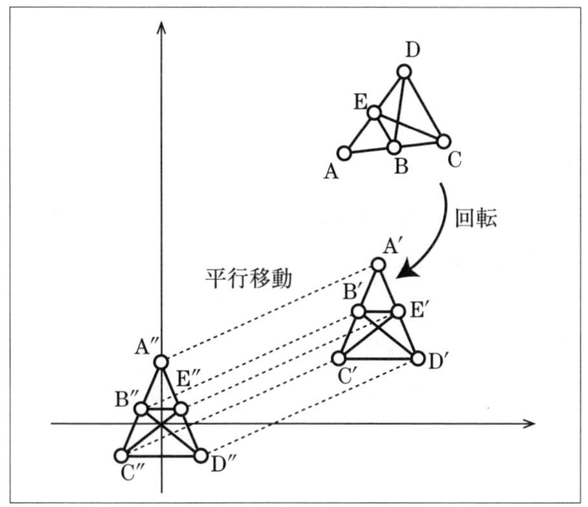


**図 14-2　回転と平行移動** (点と点の距離は不変である)

であり、

$$\mathbf{1}\cdot\mathbf{1}^T = \begin{pmatrix} 1 & \cdots & 1 \\ \vdots & \ddots & \vdots \\ 1 & \cdots & 1 \end{pmatrix}$$

である。そこで、この距離行列に対して、

$$Q = I - \frac{\mathbf{1}\cdot\mathbf{1}^T}{N} \tag{14.4}$$

という行列 $Q$ を両側から掛ける。これを**ヤング・ハウスホルダー** (Young-HouseHolder) **変換**という。この操作を施すと、

$$-\frac{1}{2}(QD^{(2)}Q) = QXX^TQ$$

が成り立つ。ここで、$Q$ も $D^{(2)}$ も対称行列であるので、この両辺も対称

行列である。この変換は次のように解釈することができる。

$$M = \frac{\mathbf{1} \cdot \mathbf{1}^T}{N}, Y = (\mathbf{y}_1, \cdots, \mathbf{y}_N)^T \tag{14.5}$$

とする、$MY$ はそれぞれのベクトルに対して重心となるベクトルを求めている。したがって、$Q$ は $N$ 個の全ての点を重心が原点にくるように移動させる演算である。

さて、今、$D^{(2)}$ はわかっているので、$QD^{(2)}Q$ を計算することができる。ここで対称行列の固有値はすべて実数で、固有ベクトルは互いに直交するので、ここでこの対角行列を逆行列とするような固有ベクトルを選ぶことができる。ただし、距離のみが分かっている場合に N 個の点のうち、独立なものは $N-1$ 個しかなく、固有値の 1 つは 0 になる。

$$-\frac{1}{2}(QD^{(2)}Q) = P \begin{pmatrix} \lambda_1 & \cdots & \cdots & 0 \\ \vdots & \ddots & \vdots & \vdots \\ 0 & \cdots & \lambda_{N-1} & 0 \\ 0 & \cdots & 0 & 0 \end{pmatrix} P^T \tag{14.6}$$

と変形することができる。ここで、この固有値がすべて 0 以上であれば、

$$Z = P \begin{pmatrix} \sqrt{\lambda_1} & \cdots & 0 & 0 \\ \vdots & \ddots & \vdots & \vdots \\ 0 & \cdots & \sqrt{\lambda_{N-1}} & 0 \\ 0 & \cdots & 0 & 0 \end{pmatrix}$$

すると、$QX(QX)^T = ZZ^T$ であり、$Z$ を解の 1 つとして選ぶことができる。

# 3.　R による多次元尺度法

R では距離形式のデータとして UScitiesD がある。これはアメリカの都市間の距離のデータである。dist 形式は対角成分が 0 の対称行列をしている。距離形式のデータを表示するには UScitiesD と変数名を打てば中身を表示できる。以下の例では行列形式にして先頭の 6 行だけを表示している。

```
> UScitiesD %>% as.matrix %>% head()

            Atlanta Chicago Denver Houston LosAngeles Miami
Atlanta           0     587   1212     701       1936   604
Chicago         587       0    920     940       1745  1188
Denver         1212     920      0     879        831  1726
Houston         701     940    879       0       1374   968
LosAngeles     1936    1745    831    1374          0  2339
Miami           604    1188   1726     968       2339     0
            NewYork SanFrancisco Seattle Washington.DC
Atlanta         748         2139    2182           543
Chicago         713         1858    1737           597
Denver         1631          949    1021          1494
Houston        1420         1645    1891          1220
LosAngeles     2451          347     959          2300
Miami          1092         2594    2734           923

> us1 <- cmdscale(UScitiesD,eig=T)
> us1

$points
```

```
                       [,1]        [,2]
Atlanta          -718.7594  142.99427
Chicago          -382.0558 -340.83962
Denver            481.6023  -25.28504
Houston          -161.4663  572.76991
LosAngeles       1203.7380  390.10029
Miami           -1133.5271  581.90731
NewYork         -1072.2357 -519.02423
SanFrancisco     1420.6033  112.58920
Seattle          1341.7225 -579.73928
Washington.DC    -979.6220 -335.47281

$eig
 [1]  9.582144e+06  1.686820e+06  8.157298e+03  1.432870e+03
 [5]  5.086687e+02  2.514349e+01 -6.985438e-10 -8.977013e+02
 [9]  -5.467577e+03 -3.547889e+04

$x
NULL

$ac
[1] 0

$GOF
[1] 0.9954096 0.9991024
```

k=2 で座標の次元を指定する。また、eig=T とすると固有値を出力する。座標は us1$points に出力される。GOF とは当てはまりのよさを表す指標である。k で指定した個数の固有値まで累積和が全ての固有値の絶対値の和の中に占める割合を意味している。

距離の公理を満たしていないデータなどの場合には負の固有値が出てくることもある。GOF の 2 つの値は負の固有値を正とした場合と負の固有値を 0 とみなした場合 の 2 種類で計算している。省略された場合には k=2,e=F と判断し 各点の 2 次元の座標だけが出力される。あとはこれをグラフにすればよい。vjust は点の下に字を書く。

```
> us2 <- tibble(name=rownames(us1$points),
+     x=us1$points[,1], y=us1$points[,2])
> ggplot(us2,aes(x=x,y=y)) + geom_point() +
+   geom_text(aes(label=name),vjust=1)
```

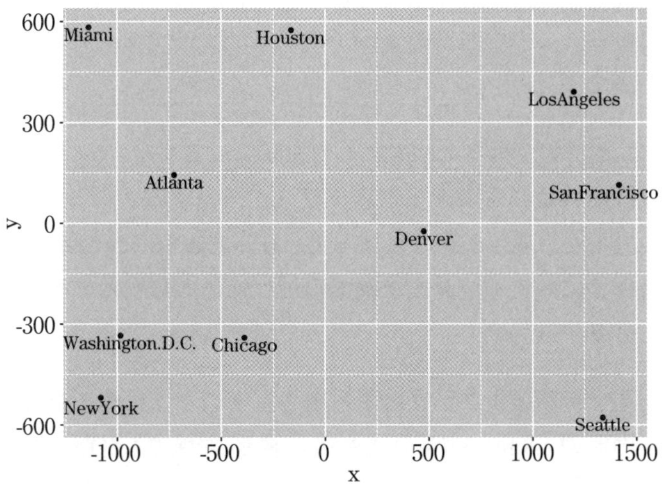


**図 14-3　アメリカの主要都市の距離データからの計算**

2 点間の距離という情報をもとに点の座標を求め、2 次元などのグラフで表現するための手法について述べた。可視化すれば、どういったものが近くにあるかどうかを目で見ることができる。しかし、それでもグラフとして目で1度に見ることができるのは3次元までである。データによっては必ずしも3次元以下で配置することができない場合もある。

## 4. 階層的クラスター分析

実際にはこのような図ではなく、どれとどれが近いのかというグループだけがわかればよいこともある。このグループのように似た特徴を持つまとまりを**クラスター** (cluster) という。ここでは、こうしたクラスターに分割する方法について説明する。**階層的クラスター分析** (Hierarchal Cluster Analysis) とは最も距離の近いものを1つのクラスターとしてまとめ、順番にそのクラスターを結合していき、階層構造にまとめる手法のことである。この手順は図 14-4 に示すことができる。

この手法では、

1) まず、2つずつ組み合わせごとの距離を計算する。
2) 最も距離の近いものを1つのクラスターとする。これによって、$n$ 個の要素から成っていたとすると、$n-1$ 個の点へと変わる。
3) このようにして1つ減った要素に対して、あらためてそれぞれの距離を計算する。

という作業を繰り返すことになる。図の右下のように構造をまとめた図のことを**樹形図** (dendrogram) という。樹形図の高さが点を結合した際の距離を表している。

ここでの計算のポイントは、図に示すように点を結合してできたクラスターと他の点との距離をどうするか、ということである。あらためて距離を定義し直すにしても、クラスターが似た特徴を持ったものの集ま

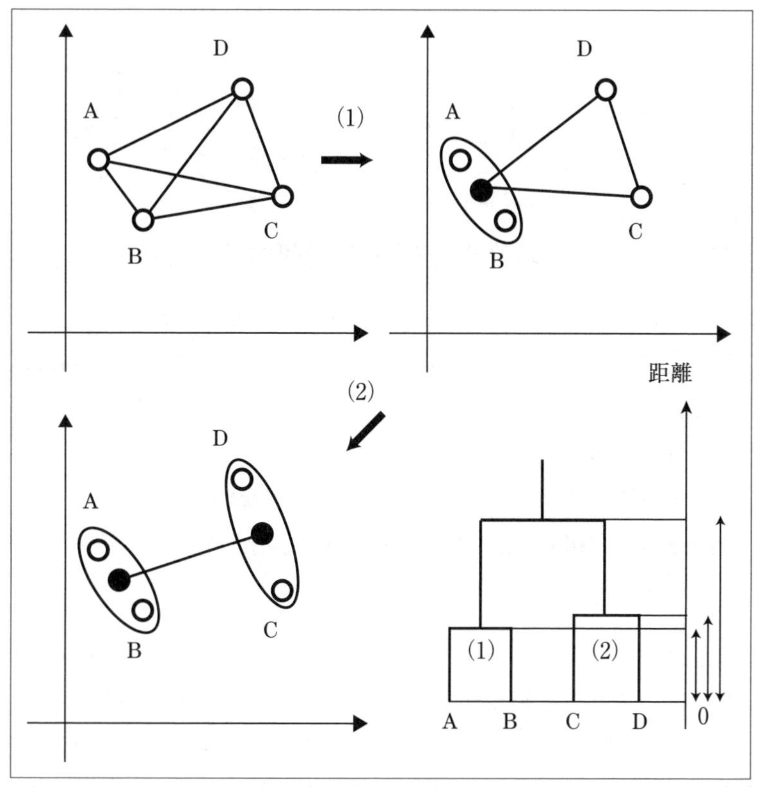


図 14-4　クラスター分析のイメージ

りとなるように点の距離を定め直さなければならない。こうした距離の定め方として以下の 5 つの方法がよく知られている。

1) **最長距離法**　2 つのクラスター間の全ての点同士の距離のうち、最も距離が長いものをクラスター間の距離とする方法。
2) **最短距離法**　2 つのクラスター間の全ての点同士の距離のうち、最も距離が小さいものをクラスター間の距離とする方法。
3) **群平均法**　2 つのクラスター間の全ての点同士の距離の平均を計算

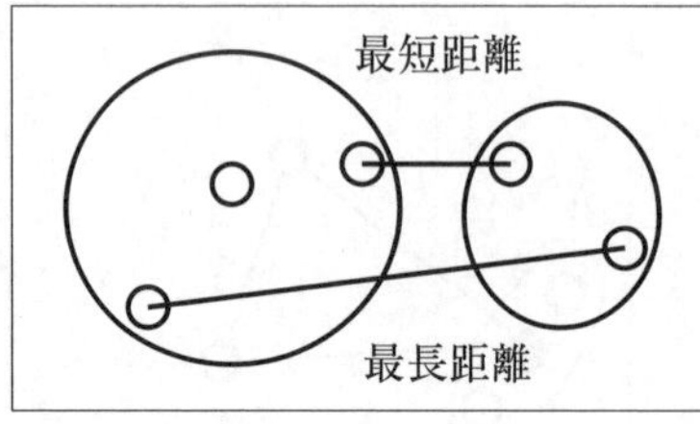


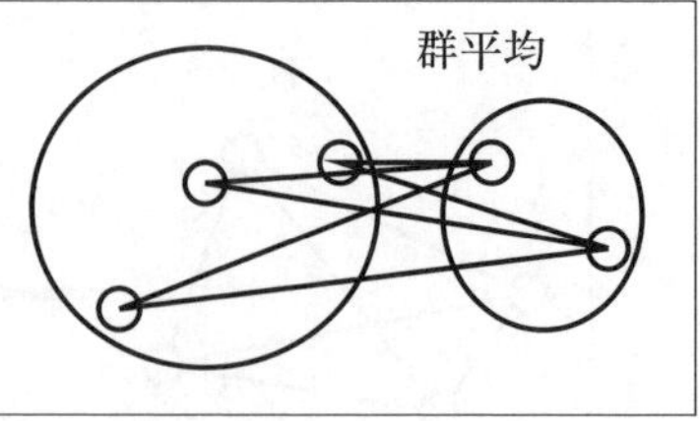


**図 14-5　クラスター間の距離**

し、その距離の平均をクラスター間の距離とする方法。

4) **重心法**　図 14-4 に示すように、それぞれのクラスターの重心の点を新たにそのクラスターの代表点として定め、それぞれの代表点同士の距離を求める方法。

5) **ウォード法**　クラスターが大きくなりすぎないように、クラスター内の距離の平方和 (距離の 2 乗の和) が最も増えないようなクラスターを作成する方法。

最短距離法の場合、クラスターの内側に他のクラスターの点と近いものがあれば、それが最短距離として採用されクラスターを結合する。このようなことを繰り返していくと、クラスターが点を吸収してどんどんと大きくなる。すると鎖状の樹形図が作られやすいという傾向がある（図 14.8(a) 参照)。これを**鎖状効果** (chain effect) という。しかし、近いもの同士が形成している集団を見つけだしたいという場合もある。そこでウォード法は、クラスター内の距離の 2 乗の和を計算し、この値が最も増えないような点を追加する。そこで点を付け加えたらクラスター内の距離の和がどれだけ増えるかという値を計算し、これを距離の代わりにする。

以上、グループ間の距離の計算について説明した。このように、点を結合して 1 つのグループとするたびに距離を計算し直す。そのため、点を結合したことによって、クラスター間の距離が前よりも短くなるということもある。樹形図においては、高さが点と点の距離を表す。この高さは、最初の点と点との距離ではなく、最終的に結合をするときの距離を利用している。したがって、樹形図で上下が逆になるということも起こる。これを**距離の逆転**という (図 14.8(c) 参照)。

## 5. R によるシミュレーション

R には距離データとして、ヨーロッパの都市の道なりのデータとして eurodist がある。これを樹形図で表してみよう。

```
> eurodist %>% as.matrix %>% head()

          Athens Barcelona Brussels Calais Cherbourg Cologne
Athens         0      3313     2963   3175      3339    2762
Barcelona   3313         0     1318   1326      1294    1498
Brussels    2963      1318        0    204       583     206
Calais      3175      1326      204      0       460     409
Cherbourg   3339      1294      583    460         0     785
Cologne     2762      1498      206    409       785       0
          Copenhagen Geneva Gibraltar Hamburg Hook of Holland
Athens          3276   2610      4485    2977            3030
Barcelona       2218    803      1172    2018            1490
Brussels         966    677      2256     597             172
Calais          1136    747      2224     714             330
Cherbourg       1545    853      2047    1115             731
Cologne          760   1662      2436     460             269
          Lisbon Lyons Madrid Marseilles Milan Munich
Athens      4532  2753   3949       2865  2282   2179
```

```
Barcelona    1305   645    636          521  1014   1365
Brussels     2084   690   1558         1011   925    747
Calais       2052   739   1550         1059  1077    977
Cherbourg    1827   789   1347         1101  1209   1160
Cologne      2290   714   1764         1035   911    583
          Paris Rome Stockholm Vienna
Athens       3000  817      3927   1991
Barcelona    1033 1460      2868   1802
Brussels      285 1511      1616   1175
Calais        280 1662      1786   1381
Cherbourg     340 1794      2196   1588
Cologne       465 1497      1403    937
```

Rには、階層的クラスターを行う関数にhclustがある。hclust()はこの距離形式のデータを入力として用いる。plot()とすると、データから樹形図を書いてくれる。

```
> ed_co <- hclust(eurodist)
> plot(ed_co)
```

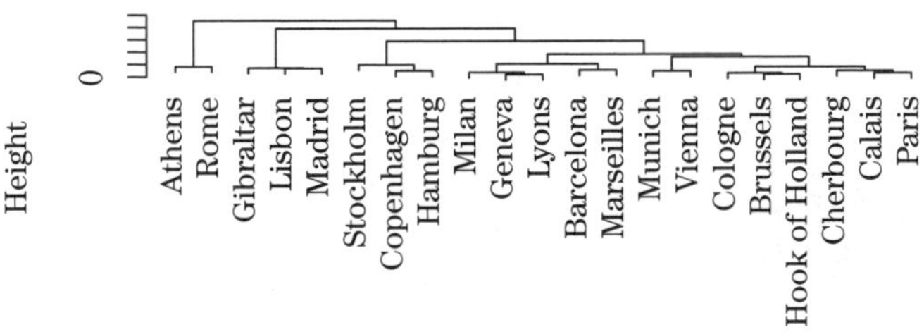


図 14-6　plot による樹形図

ggplot2 のスタイルで樹形図を書くには ggdendro というパッケージを使う。dendro_data() という関数を使うと、必要な情報をリストとして出力してくれる。

```
> library(ggdendro)
> den_ed_co <- dendro_data(ed_co)
> head(den_ed_co$segments,n=5L)

     x    y xend yend
1 4.25 4532  1.5 4532
2 1.50 4532  1.5  817
3 1.50  817  1.0  817
4 1.00  817  1.0    0
5 1.50  817  2.0  817

> head(den_ed_co$labels,n=5L)
```

```
  x y     label
1 1 0    Athens
2 2 0      Rome
3 3 0 Gibraltar
4 4 0    Lisbon
5 5 0    Madrid
```

それぞれ枝とラベルの座標データとなっている。それをもとに geom-segment では両端の座標を指定して線分を書き、geom_text で 座標を指定して文字を書く。さらに文字を書く $y$ 座標を少し下にずらした後に文字が潰れないように coord_flip() で回転させて表示している。

```
> ggplot(data=segment(den_ed_co))+
+   geom_segment(aes(x = x, y = y, xend = xend, yend = yend) )+
+   geom_text(data = label(den_ed_co),
+             aes(x = x, y = y-500, label = label),size=4) +
+   coord_flip()+
+   ylim(-600, max(den_ed_co$segments$yend) )
```

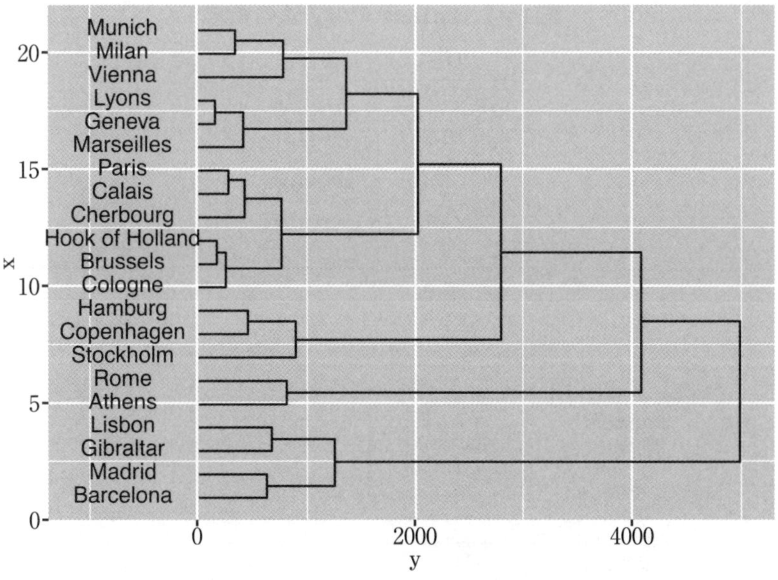


図 14-7　ggplot による樹形図

hclust で、距離を計算する方法を指定する場合には、method=で指定する。何も指定しないと最長距離法になる。例えばウォード法であれば、

```
> ed_wa <- hclust(eurodist,method="ward.D2")
```

と指定する。他の場合であれば、表 14-1 のように指定する.

表 14-1　hclust での方法の指定

| 方法 | 引数 |
|---|---|
| 最短距離法 | single |
| 最長距離法 | complete |
| 群平均法 | average |
| 重心法 | centroid |
| ウォード法 | ward.D2 |

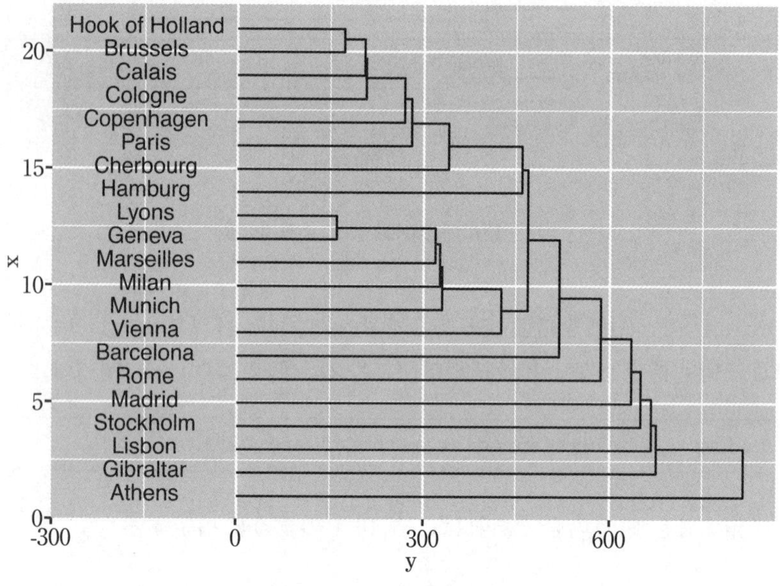


図 14-8(a)　最短距離法

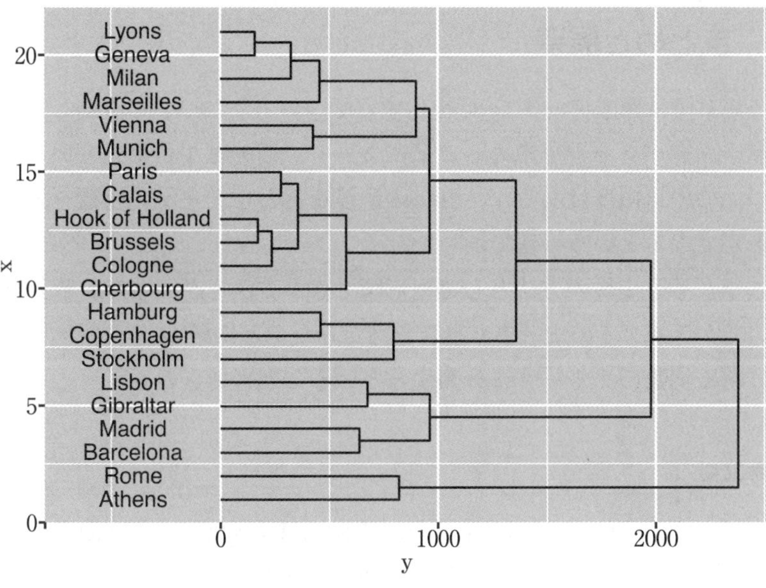


図 14-8(b)　群平均法

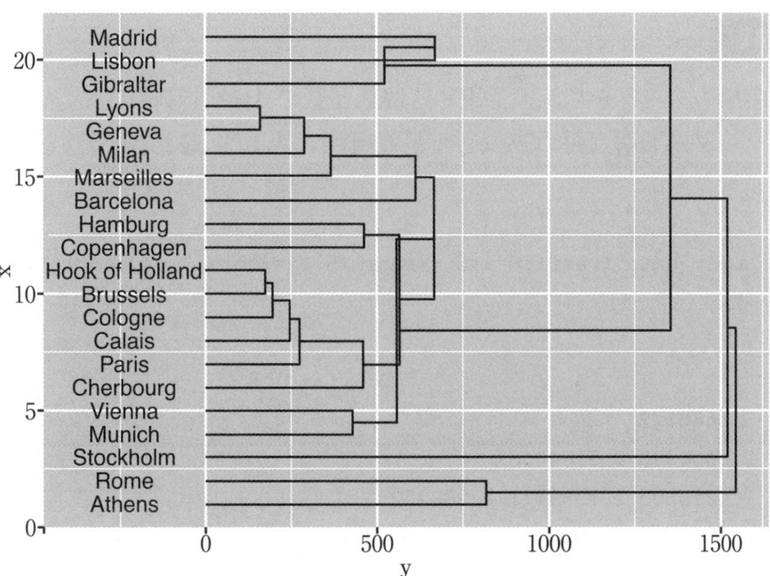


図 14-8(c)　重心法（距離が逆転する）

## 6. まとめと展望

この章では距離データを 可視化する 2 つの方法について説明した。固有値、固有ベクトルを求めることによって、回転と平行移動ということについての自由度はあるが、互いの距離をもとにデータの座標を求めることができるという手法であった。

また、もう 1 つの方法として樹形図で表す方法を説明した。樹形図を書いてクラスターのまとまり具合を図でみたあとに第 15 章で説明するようにある個数のグループに分類するということもできる。

### 参考文献

[1] 中村, 永友,R によるデータサイエンス 2『多次元データ解析法』, 共立出版,2009

[2] 林賢一, 下平英寿,R で学ぶ統計的データ解析, 講談社,2020

[3] 金明哲,“R によるデータサイエンス (第 2 版)”, 森北出版,2017

### 演習

座標のデータから距離を求める関数として dist 行列形式で与えられたデータから右三角のデータへと 直すものとして as.dist という関数がある。

```
> a <- data.frame(id=1:5,x=rnorm(5),y=rnorm(5),z=rnorm(5))
> dist(a[,-1])


          1         2         3         4
2 3.8666122
3 2.6810995 3.2184008
4 2.4818506 2.9988471 0.2889027
```

```
5 2.9015643 2.7526754 0.7012702 0.6790939
```

転置行列と元の行列を足すと対称行列になるので、そこから対角成分を 2 倍して、仮に距離の行列とすると、どういう操作をしているのかを確認できる。

```
> b <- matrix(runif(25),ncol=5)
> c <- b+t(b)-2*diag(b)*diag(5)
> c

          [,1]     [,2]      [,3]      [,4]      [,5]
[1,] 0.0000000 1.453680 0.8661549 0.8725879 1.6100804
[2,] 1.4536802 0.000000 1.2129359 1.3781988 1.2102971
[3,] 0.8661549 1.212936 0.0000000 0.1697987 0.7155358
[4,] 0.8725879 1.378199 0.1697987 0.0000000 1.4074105
[5,] 1.6100804 1.210297 0.7155358 1.4074105 0.0000000

> as.dist(c)

          1         2         3         4
2 1.4536802
3 0.8661549 1.2129359
4 0.8725879 1.3781988 0.1697987
5 1.6100804 1.2102971 0.7155358 1.4074105
```

# 15 データの分類

**《目標＆ポイント》** 非階層的クラスター分析としてデータを k 個のグループに分ける **k 平均法**について説明する。また **k 近傍法**について説明し、同じ例題を、分類木、ニューラルネットワークの 4 種類で分類し、その結果について比較を行う。

**《キーワード》** 平均法、近傍法、混同行列、F 値

## 1. k平均法

階層的クラスター分析では各点同士の距離がわかっていれば，それを樹形図として表すことができた。しかし、点の数が多い場合に出てくる結果は見にくい。また、クラスターに分類する場合、大体望んだ数のグループに分けることができればよい場合もあるだろう。ここでは、**k-means 法**について述べる。k-means 法とは名前の通り、データを $k$ 個のクラスターに分ける方法のことをいう。

今、全部で $N$ 個の点があるとし、データの座標が与えられている状況を考える。k-means 法でも実装方法によって細かな違いはあるが、例えば次の手順で計算する。

1) まず $k$ 個の点をランダムに選び、グループの中心の点であると考える。もしくは、最初に無作為に $k$ 個のグループに分けて、各グループの重心を代表の点にする。ここでは説明を簡単にするため、最初にランダムに $k$ 個の点を選んだ状態を考える。
2) 残りの $N-k$ 個の点に対して $k$ 個の代表点との距離を計算し、いち

ばん近い点のグループに属することにする。これによって、全ての点がとりあえず $k$ 個のグループに分かれることになる。

3) このようにして作られた $k$ 個のグループごとにそれぞれの座標から重心の点の座標を計算し、その重心の点をあらためてグループの中心とする。

4) 全部の点に関してその代表の点との距離を計算し直し、いちばん近いグループに属するようにグループをシャッフルする。

といった手順を繰り返す。最初にグループの中心をどのように決めるか、また決まったグループごとの中心をどのように決めるか、他の点との距離をどのように計算するのかによって、いくつかの種類があるが、基本的な手順は上のようになる。

表 15-1
5 点の座標

| 点 | $(x, y)$ |
|---|---|
| C1 | $(1, 1)$ |
| C2 | $(2, 1)$ |
| C3 | $(1, 3)$ |
| C4 | $(4, 5)$ |
| C5 | $(5, 5)$ |
| C6 | $(5, 3)$ |

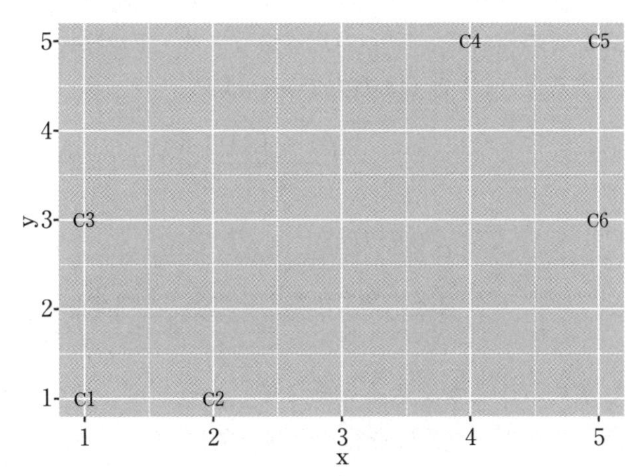


図 15-1　6 点の座標

これを例をもとに考えてみよう。6 個の点の座標が表 15-1 のように与えられているものとする。ここで、各点の距離はユークリッド距離、つまり、2 点 $(x_1, y_1), (x_2, y_2)$ の距離を

$$d = \sqrt{(x_1 - x_2)^2 + (y_1 - y_2)^2}$$

と計算するものとする。

これを 2 つのグループに分けることを考えよう。まず、初期の中心となる点として、C1 と C2 が選ばれたものとする。すると、C1 に近い点として C3 が、C2 に近い点として C4、C5、C6 となるから、2 個の点からなるクラスター C1、C3 と 4 個の点からなるクラスター C2、C4、C5、C6 という 2 つのクラスターに分かれることになる。

このように分けることができたら、次にそのクラスターの中心となる点を定める。今、中心の点はクラスター内の点の重心であるとしよう。

すると、C1 と C3 の方であれば、

$$\left(\frac{1+1}{2}, \frac{1+3}{2}\right) = (1, 2)$$

C2、C4、C5、C6 の方が

$$\left(\frac{2+4+5+5}{4}, \frac{1+5+5+3}{4}\right) = (4, 3.5)$$

と求めることができる。そこで、もう一度、この中心点に近い点と遠い点とでグループ分けを行うと最終的に、C1、C2、C3 からなるクラスターと C4、C5、C6 からなるクラスターに分かれる。さらに、これに基づいて計算しても点の入れ代わりがないのでこれで計算が終了となる。この手順を図にすると、図 15-2 のようになる。

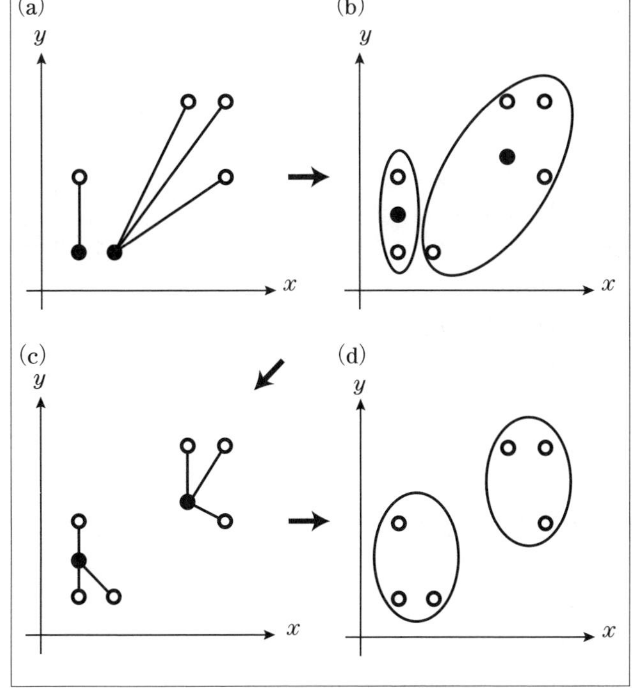


図 15-2　k-means 法の例

## 2.　R によるシミュレーション

R で k-means 法を使うには、kmeans() という関数を使う。多次元尺度法や階層的クラスター分析の場合には、2 点間の距離を入力として与えていたが、kmeans() ではそれぞれの点の座標を入力とする。各象限に点 $(1,1)$、$(-1,1)$、$(-1,-1)$、$(1,-1)$ を中心に標準偏差 $\sigma$ として 50 個の正規乱数を作る。

```
> library(tidyverse)
> set.seed(38)
> sigma <- 0.25
> ca <- tibble(
+   x=rnorm(50,1,sigma),
+   y=rnorm(50,1,sigma),
+   cl_t="A")
> cb <- tibble(
+   x=rnorm(50,-1,sigma),
+   y=rnorm(50,1,sigma),
+   cl_t="B")
> cc <- tibble(
+   x=rnorm(50,-1,sigma),
+   y=rnorm(50,-1,sigma),
+   cl_t="C")
> cd <- tibble(
+   x=rnorm(50,1,sigma),
+   y=rnorm(50,-1,sigma),
+   cl_t="D")
> t0 <-rbind(ca,cb,cc,cd)
> ggplot(t0,aes(x=x,y=y,color=cl_t))+geom_point()+
+   scale_colour_manual(values=c("gray80","gray40","black",
+                                 "gray60"))
```

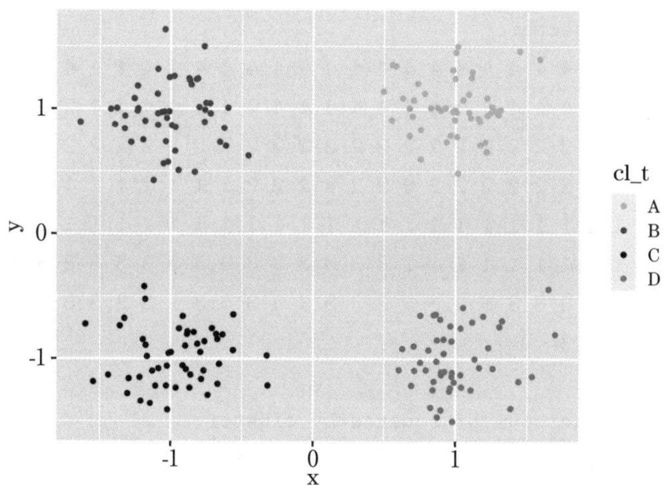


図 15-3　正規乱数で点を発生させたグループ

これを kmeans() で分類する。

```
> k0 <- t0 %>% select(x,y) %>% kmeans(centers = 4)
> k0

K-means clustering with 4 clusters of sizes 50, 50, 50, 50

Cluster means:
           x          y
1 -0.9613972 -0.9855138
2 -1.0002346  0.9525060
3  1.0033236 -1.0075478
4  0.9887441  1.0189317
```

```
Clustering vector:
  [1] 4 4 4 4 4 4 4 4 4 4 4 4 4 4 4 4 4 4 4 4 4 4 4 4 4 4 4 4
 [29] 4 4 4 4 4 4 4 4 4 4 4 4 4 4 4 4 4 4 4 4 4 4 2 2 2 2 2 2
 [57] 2 2 2 2 2 2 2 2 2 2 2 2 2 2 2 2 2 2 2 2 2 2 2 2 2 2 2 2
 [85] 2 2 2 2 2 2 2 2 2 2 2 2 2 2 2 2 1 1 1 1 1 1 1 1 1 1 1 1
[113] 1 1 1 1 1 1 1 1 1 1 1 1 1 1 1 1 1 1 1 1 1 1 1 1 1 1 1 1
[141] 1 1 1 1 1 1 1 1 1 1 3 3 3 3 3 3 3 3 3 3 3 3 3 3 3 3 3 3
[169] 3 3 3 3 3 3 3 3 3 3 3 3 3 3 3 3 3 3 3 3 3 3 3 3 3 3 3 3
[197] 3 3 3 3

Within cluster sum of squares by cluster:
[1] 6.416577 6.066010 6.068873 5.382852
 (between_SS / total_SS =  94.2 %)

Available components:

[1] "cluster"   "centers" "totss" "withinss" "tot.withinss"
[6] "betweenss" "size"    "iter"  "ifault"
```

この結果の中で、centers が代表点の座標 $cluster がクラスターになっている。このとき、全体を１つのグループと見たときの各点と重心との距離は、グループごとの重心との距離と各グループの重心と全体の重心との距離（それにグループの個数を掛けたもの）に分解することができる。そして、全体の重心と各グループの重心との距離の和が示す割合が大きいほど、グループが小さく凝集していると考えることができる。

この比率の大きさが、うまく分類できているかどうかの指標の１つである。それぞれの値は、全体を１つのグループにした場合のトータルの重心との距離の２乗和 (totss)、各グループの重心との全体の重心との距離の

2 乗和 (betweenss)、グループ内での重心との距離の 2 乗和 (withinss) で見ることができる。

```
> k0$totss

[1] 415.9622

> k0$betweenss

[1] 392.0279

> k0$withinss

[1] 6.416577 6.066010 6.068873 5.382852
```

正しく分類できているかどうかクラスターを元のグループと比較してみる。クラスの名前までは判定できないので、どのクラスターがどのグループかは自分で結果を踏まえて入れ替える。また、k0$cluster は数値の型をしているので factor にして label のところで入れ替えている。その上で元のグループと分類したグループの表を作成すると

```
> t0 %<>% mutate(cl_k=factor(k0$cluster,
+                             label=c("A","B","C","D"),
+                             levels=c(4,2,1,3) ) )
> t0 %>% select(cl_t,cl_k) %>% table()

    cl_k
cl_t  A  B  C  D
   A 50  0  0  0
```

```
  B  0 50  0  0
  C  0  0 50  0
  D  0  0  0 50
```

とうまく分類できていることがわかる。

## 3.　k 近傍法

シンプルな分類手法として k 近傍法がある。あらかじめ分類された訓練データがあるときに、訓練データの中で自分と距離の近い $k$ 個の点の多数決によって分類するというものである。

R には class というパッケージに knn() という関数がある。テストデータとして $-2$ から 2 まで等間隔に $N$ 等分する場合、$x$ 座標ごとに $N$ 個の $y$ 座標があるので、点の個数は $N^2$ 個。繰り返しの関数として rep() がある。rep(1:3,N) とすると 123123$\cdots$ と N 回繰り返し、each=N は 111$\cdots$222$\cdots$ と各要素を N 回繰り返す。

```
> min <- -2
> max <-  2
> N_test <- 100
> int<- (max-min) / (N_test-1)
> test  <- tibble( x = rep(seq(min,max,int),each=N_test),
+                  y = rep(seq(min,max,int),N_test) )
```

knn は訓練データの座標、検証用の座標、訓練データのクラスと近傍の個数 $k$ を指定する。

```
> library(class)
> cl_test <- t0 %>% select(  x   ,   y) %>%
+   knn(test, cl=t0$cl_t, k=5)
```

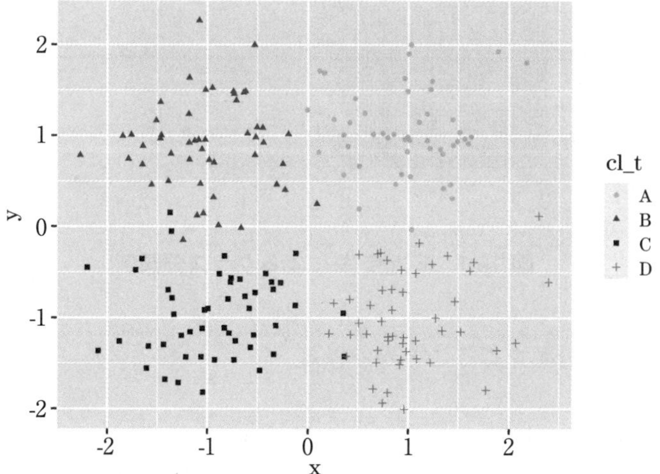


**図 15-4　分散を大きくした例**（sigma = 0.5 として作成）

この結果を図示してみよう。

```
> ggplot(test,aes(x=x,y=y) )+
+        geom_point(aes(color=cl_test),size=0.5) +
+     scale_colour_manual(values=c(
+       "gray80","gray40","black","gray60"))
```

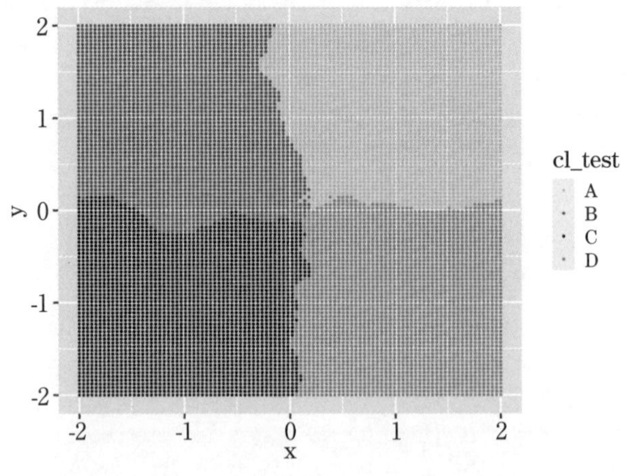


図 15-5 k 近傍法 によるクラス分類例

rpart でも分類を行うことができる。

```
> library(rpart)
> rp_t <- rpart(data=t0, cl_t ~ x + y, method="class")
```

結果を図示すると

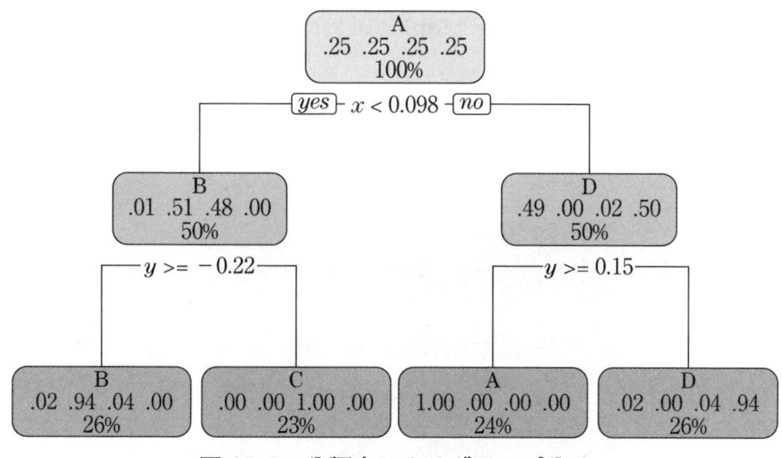


図 15-6　分類木によるグループ分け

## 4.　分類木とニューラルネットワークとの比較

lm と同様に predict とするとテストデータに対して予測を行うことができる。

```
> rp_test <- predict(rp_t,newdata=test,type="class")
```

この結果を見てみよう。

```
> ggplot(test,aes(x=x,y=y)) +
+    geom_point(aes(color=rp_test),size=0.5)+
+    geom_segment(x=rp_t$splits[1,4],y=-2,
+                 xend=rp_t$splits[1,4],yend=2)+
+    geom_segment(x=-2,y= rp_t$splits[4,4],
+                 xend=rp_t$splits[1,4],yend= rp_t$splits[4,4])+
+    geom_segment(x=2,y=rp_t$splits[7,4],
```

```
+                xend=rp_t$splits[1,4],yend=rp_t$splits[7,4])+
+   scale_colour_manual(
+     values=c("gray80","gray40","black","gray60"))
```

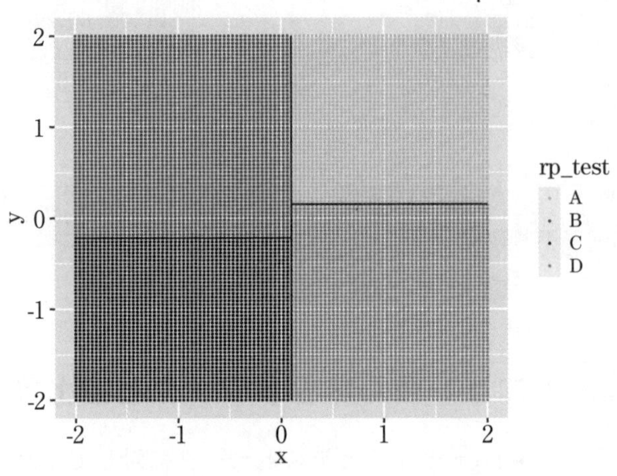


図 15-7　決定木によるクラス分類例

nnet でも分類を行うことができる。nnet ではクラスを文字ではなく因子として与える。出力層に分類するクラス数のニューロンを用意し、該当するクラスのときだけ 1 を出力する教師信号と捉えて学習を行ってくれる。

```
> library(nnet)
> t1 <- t0 %>% mutate(cl_t = as.factor(cl_t))
> nn_t <- nnet(data=t1,cl_t~x+y,size=5)


# weights:  39
initial  value 307.902464
```

```
iter  10 value 78.393718
iter  20 value 23.986023
iter  30 value 18.283805
iter  40 value 12.356095
iter  50 value 10.435339
iter  60 value 10.105043
iter  70 value 6.793099
iter  80 value 5.960759
iter  90 value 5.809545
iter 100 value 5.795060
final  value 5.795060
stopped after 100 iterations

> nn_test <- predict(nn_t,newdata=test,type="class")
> ggplot(test,aes(x=x,y=y)) +geom_point(aes(color=nn_test),
+                              size=0.5)+
+   scale_colour_manual(
+     values=c("gray80","gray40","black","gray60"))
```

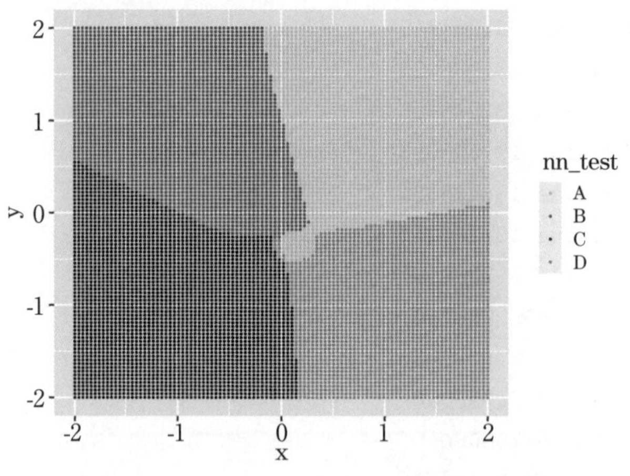


図 15-8　ニューラルネットによるクラス分類例

rpart と違い、非線形な線分で場合分けしていることがわかる。

また、分類の評価の正解には、正解が A であるものを A と判定したもの（**真陽性**)、そうでない (B、C、D) と判定したもの（**偽陰性**)、正解が A でないものを A と判定したもの（**偽陽性**)、A でないものを正しく A でないと判定したもの (**真陰性**) の 4 種類に分けられる。これを次の表に表したものを混同行列という。

表 15-2　分類評価の混同行列

| | 予測値 | | |
|---|---|---|---|
| | | 陽性 | 陰性 |
| 真の値 | 陽性 | 真陽性 (True Positive ) | 偽陰性 (False Negative) |
| | 陰性 | 偽陽性 (False Positive ) | 真陰性 (True Negative) |

それぞれを、TP、FN、FP、TN とすると

$$\text{正解率 (Accuracy)} = \frac{TP+TN}{TP+FP+FN+TN}$$

である。例えば銀行での本人確認を行うという場合には何度かやり直してもよいので、他人を間違えて本人としてほしくない。この場合には FP を減らしたい。そのときには高い適合率を用いる。

$$\text{適合率 (Precision)} = \frac{TP}{TP+FP}$$

一方、病気の判定という場合、病気でないのに病気と判定されても再検査をすればよいが、病気を見逃しては困るという場合には FN はなるべく減らしたい。このような場合には高い再現率が 求められる。

$$\text{再現率 (Recall)} = \frac{TP}{TP+FN}$$

適合率と再現率の調和平均を取った **F 値** (F-measure,F-score) を評価基準として用いることもある。

$$\text{F 値 (F-measure)} = \frac{2}{\frac{1}{\text{Precision}}+\frac{1}{\text{Recall}}} = \frac{2(\text{Precision}\cdot\text{Recall})}{\text{Precision}+\text{Recall}}$$

## 5.　まとめと展望

グループに分ける方法についてさまざまな手法を主に例題をもとに説明した。コンピュータは単純作業が得意である。繰り返し作業は人よりも速く確実に行ってくれる。ツールが充実し、容易にデータ分析を行うことができるようになった。そこで、分類手法にどのような特徴があるのかを比較を通してみた。紹介しきれなかった手法も多くある。それについては各章に載せた参考文献を参照してほしい。

## 参考文献


[1] 林賢一, 下平英寿,R で学ぶ統計的データ解析, 講談社,2020

[2] Trevor Hastie,Robert Tibshirani,Jerome Friedman（著）, 杉山将, 井手剛, 神嶌敏弘, 栗田多喜夫, 前田英作（訳）, "統計的学習の基礎：データマイニング・推論・予測", 共立出版,2014,https://hastie.su.domains/ElemStatLearn/

[3] 金明哲,"R によるデータサイエンス (第 2 版)", 森北出版,2017


## 演習

1. k 近傍法では 近隣の個数 k を変えると振る舞いが変わる。k が大きくなれば変化に鈍く、小さければ敏感になる。そのため小さいとノイズの影響を受ける。そのことを試すと次のようになる。

```
> library(class)
> cl2_test <- t0 %>% select(x,  y) %>%
+   knn(test,  cl = t0$cl_t, k=2)
> ggplot(test,aes(x = x,  y = y) )+
+          geom_point(aes(color = cl2_test ), size=0.5) +
+   scale_colour_manual(
+     values=c("gray80","gray40","black","gray60"))
```

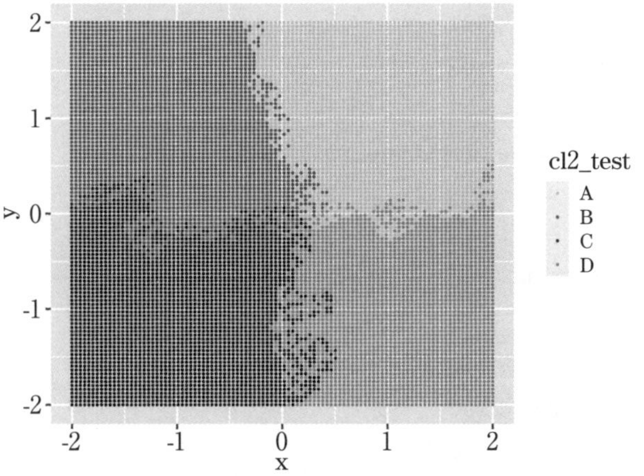


図 15-9　k を変えた場合の分類結果

2. 後半は検証用の方に正解を入れていなかったが、検証用の データのサイズは N_test*N_test 個あり、4 等分の正解がある。

```
> M <- N_test^2 / 4
> test_a <- test %>%
+   mutate(true = ifelse(x > 0, ifelse(y>0,"A","D"),
+                         ifelse(y>0,"B","C") ) ) %>%
+   mutate(true = factor(true))
> test_a <- test_a %>% mutate(cl_t=cl_test,
+                              rp_t=rp_test,nn_t=nn_test)
> test_a %>% select(true,cl_t) %>% table()

    cl_t
true    A    B    C    D
   A 2371   60    0   69
   B  113 2343   44    0
```

```
   C    0  119 2381    0
   D    0   11  102 2387

> test_a %>% select(true,rp_t) %>% table()

    rp_t
true    A    B    C    D
   A 2208  100    0  192
   B    0 2500    0    0
   C    0  250 2250    0
   D    0   10   90 2400

> test_a %>% select(true,nn_t) %>% table()

    nn_t
true    A    B    C    D
   A 2404   79    0   17
   B   60 2252  188    0
   C    0  111 2381    8
   D  151   31  107 2211
```

diag は行列の対角成分だけを取り出す関数。colSums は行列の列ごとの和、rowSums は行列の行ごとに和を取る関数がある。これを使うと R ではベクトルの計算は成分ごとに行ってくれるので、次のように 計算できる。実際に試してみよ。

```
> tc <- test_a %>% select(true,cl_t) %>% table()
> acculacy <- sum( diag(tc) ) / sum(tc)
> precision <- diag(tc) / colSums(tc)
```

```
> recall <- diag(tc) / rowSums(tc)
> f_measure <- 2 * precision * recall / (precision + recall)
> acculacy

[1] 0.9482

> precision

        A         B         C         D
0.9545089 0.9249901 0.9422240 0.9719055

> recall

     A      B      C      D
0.9484 0.9372 0.9524 0.9548

> f_measure

        A         B         C         D
0.9514446 0.9310550 0.9472847 0.9632768
```

# Rのインストール

## 1. Rのインストール

R Project の サイトに行く。 最初の Getting Started の英語を読むと、最後のところに CRAN mirros というリンクがある。 これは CRAN とは Comprehensive R Archive Network の略であり、世界中に同じデータを保有した複製のサイトがある。日本では統計数理研究所と山形大学にサイトがあるので好きなところを選ぶ。

CRAN
Mirrors
What's new?
Search
CRAN Team
About R
R Homepage
The R Journal
The Comprehensive R Archive Network
Download and Install R
Precompiled binary distributions of the base system and contributed packages, **Windows and Mac** users most likely want one of these versions of R:
• Download R for Linux (Debian, Fedora/Redhat, Ubuntu)
• Download R for macOS
• Download R for Windows
R is part of many Linux distributions, you should check with your Linux package management system in addition to the link above.
Source Code for all Platforms

図 1　CRAN のサイトトップ画面

そこから自分の使っているパソコンの OS に合ったものを選ぶ。Linux の場合には Distribution 、Mac の場合であれば CPU によって異なるものがあるので、自分の環境に合ったものを選ぶ。Windows であれば、リンク先の base を選べばよい。

ダウンロードしたファイルをクリックすると、インストールが開始される。 Linux であれば、パッケージ管理ソフトで ある apt などでインストールできる。

RStudio は R をインストールした後に、インストールする。Posit のサイトに行き、サイトの上部にある右上の「Download RStudio」をクリックする。RStudio には何種類かあるが、パソコンで操作する **IDE** (Integrated Development Environment:統合開発環境)である **RStudio Desktop** を選ぶ。商用版(RStudio Pro)や Web サーバ用の RStudio Server では**ない**ので注意してほしい。

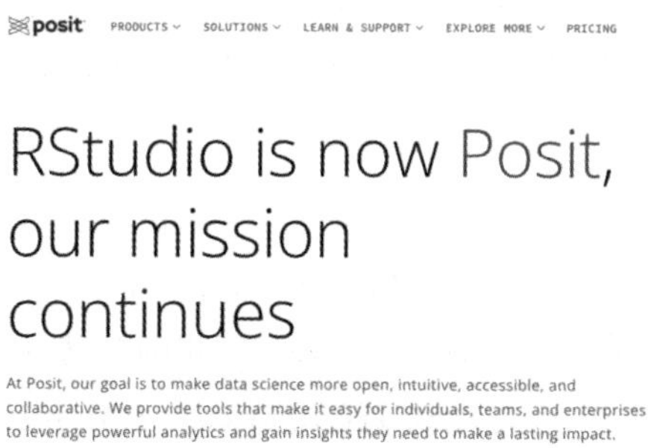

図 2　RStudioIDE の画面

ダウンロードした後、ファイルをクリックしてインストールする。

## 2. パッケージのインストール

パッケージをインストールするには `install.packages("パッケージ名")` とする。例えば `tidyverse` というパッケージを インストールするには

```
> install.packages("tidyverse")
```

とする。パッケージには関数とデータが含まれている。パッケージを利用する場合には

```
> library(tidyverse)
```

とする。 tidyverse には, `readr`（ファイルを読み込む）、`tibble`（データフレームを拡張する)、`dplyr`（データを集計する)、`tidyr`（整然としたデータを変形する)、`ggplot2`（グラフを作成する）など複数のパッケージをまとめたパッケージとなっている。

パッケージはRStudioを一度終了したあとに、起動するときには自動で読み込まれないので、再度ライブラリの読み込みをする必要がある。

## 3. 文字コード

コンピュータで文字を扱う場合には、どの文字をコンピュータ上でどう表現するか決めておく必要がある。その対応規則を**文字コード**という。 アルファベットについては **ASCII**(American Standard Code for Information Interchange) が一般に用いられているが、各言語に対応したものについてはいくつか種類がある。

日本語の場合、Windows では `CP932` や `Shift-JIS` といった文字コードがよく用いられ、Mac や Linux などでは `UTF-8` がよく用いられる。左上の小窓でファイルを開くことはメモ帳などのソフトでファイルを開くことと同じように実際にファイルを書き換える操作を意味している。このファイルを開くときに文字化けをする場合には、文字コードを指定して開くことができる。

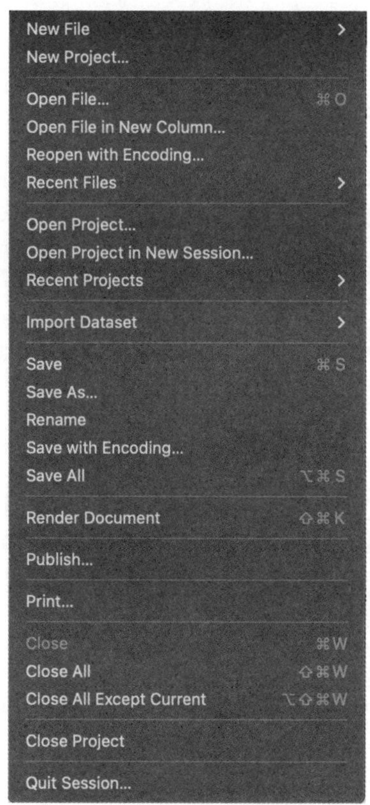


図３　ファイルメニュー

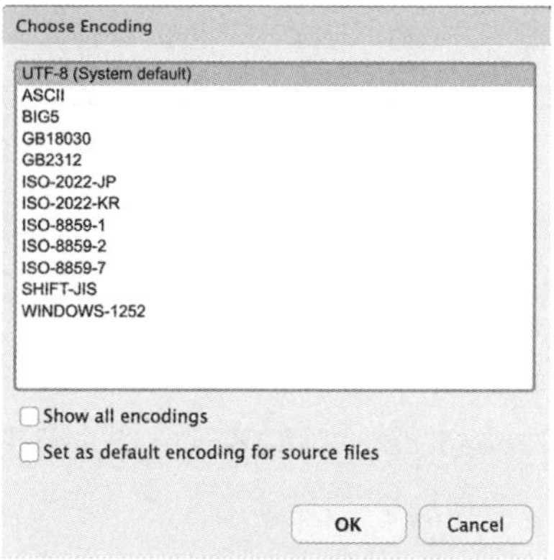

図４　ファイルを開くときの文字コードの指定

R で計算をするためにはファイルを読み込むが、その際に、文字コードを正しく指定できないと表記が乱れる。read.csv という関数で文字コードを指定するには

```
> a1 <- read.csv("data/yamate.csv",fileEncoding="UTF-8")
> head(a1)
```

```
         X 品川 目黒 渋谷 原宿 新宿 高田馬場 池袋 巣鴨 田端
1     品川   0    7   12   14   18       22   25   28   24
2     目黒   7    0    5    7   11       15   18   23   31
3     渋谷  12    5    0    2    6       10   13   18   22
4     原宿  14    7    2    0    4        8   11   16   20
5     新宿  18   11    6    4    0        4    7   12   16
6 高田馬場  22   15   10    8    4        0    3    8   12
  日暮里 上野 秋葉原 東京 新橋
1     21   17     14   10    7
2     28   24     21   17   14
3     25   29     26   22   19
4     23   27     28   24   21
5     19   23     26   28   25
6     15   19     22   26   29
```

とする。

read_csv では locale という関数で文字コードや時間など国ごとで異なる環境を 設定する。

```
> a2 <-read_csv("Data/yamate_sjis.csv",
+            locale = locale(encoding = "Shift_JIS"))
> head(a2)

# A tibble: 6 x 15
  ...1     品川  目黒  渋谷  原宿  新宿  高田~1  池袋  巣鴨
  <chr>    <dbl> <dbl> <dbl> <dbl> <dbl>  <dbl> <dbl> <dbl>
1 品川         0     7    12    14    18     22    25    28
2 目黒         7     0     5     7    11     15    18    23
3 渋谷        12     5     0     2     6     10    13    18
```

```
4 原宿          14     7     2     0     4      8    11    16
5 新宿          18    11     6     4     0      4     7    12
6 高田馬場      22    15    10     8     4      0     3     8
# ... with 6 more variables: 田端 <dbl>, 日暮里 <dbl>,
#   上野 <dbl>, 秋葉原 <dbl>, 東京 <dbl>, 新橋 <dbl>, and
#   abbreviated variable name 1: 高田馬場
```

default_locale() とすると自分の環境がどういう設定になっているかを確認できる。

ggplot では Mac の場合に文字が □となる場合がある。このような場合、family としてフォントを指定する。ここに表示しているフォントは Mac にインストールされているフォントなので、Windows の場合には family= "Hiragino Kaku Gothic Pro W3" を除く。

```
> a3 <- as.dist(a2[,-1])
> a4 <- cmdscale(a3) %>% data.frame()
> colnames(a4) <-c("x","y")
> ggplot(data=a4)+
+   geom_text(aes(x=x,y=y,label=rownames(a4)),
+             family="Hiragino Kaku Gothic Pro W3")
```

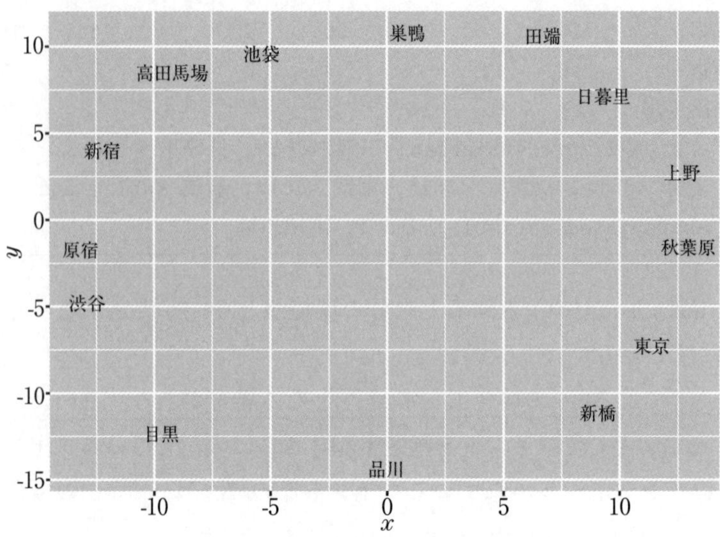


図５　日本語を含む図の表示

# 索引

●欧文の配列はアルファベット順、和文の配列は五十音順、＊は人名を表す。

### ●さ　行

●た　行



●な　行



●は　行

●ま　行



●や　行



●ら　行

# 著者紹介

## 秋光　淳生（あきみつ・としお）

1973年　神奈川県に生まれる
東京大学工学部計数工学科卒業
東京大学大学院工学系研究科数理工学専攻修了
東京大学大学院工学系研究科先端学際工学中退
東京大学先端科学技術研究センター助手等を経て
現在　放送大学准教授・博士（工学）
専攻　数理工学
主な著書　情報ネットワークとセキュリティ（共著，放送大学教育振興会）
遠隔学習のためのパソコン活用（共著，放送大学教育振興会）
問題解決の進め方（共著，放送大学教育振興会）

放送大学教材　1579460-1-2411（テレビ）

# 三訂版　データの分析と知識発見

発　行　　2024 年 3 月 20 日　第 1 刷
著　者　　秋光淳生
発行所　　一般財団法人　放送大学教育振興会
〒 105-0001　東京都港区虎ノ門 1-14-1　郵政福祉琴平ビル
電話　03（3502）2750

市販用は放送大学教材と同じ内容です。定価はカバーに表示してあります。
落丁本・乱丁本はお取り替えいたします。

Printed in Japan　ISBN978-4-595-32482-6　C1355